耐盐脱氮复合菌剂及其冻干菌粉的制备和性能

唐　婧　吴娜娜　陈金楠　徐　扬　马明扬　杨羽菲　著

中国建筑工业出版社

图书在版编目（CIP）数据

耐盐脱氮复合菌剂及其冻干菌粉的制备和性能/唐婧等
著. —北京：中国建筑工业出版社，2019.11
ISBN 978-7-112-24785-1

Ⅰ. ①耐…　Ⅱ. ①唐…　Ⅲ. ①废水处理-生物处理-研究
Ⅳ. ①X703.1

中国版本图书馆 CIP 数据核字（2020）第 018027 号

本书主要介绍耐盐脱氮复合菌剂及其冻干菌粉的制备和性能，共分六章。主要内容包括：概论；耐盐优势菌株的分离与鉴定；耐盐反硝化菌的特性及影响因素研究；耐盐脱氮复合菌剂的构建及其脱氮性能的影响因素；高盐废水生物强化脱氮系统构建及其脱氮效果研究；耐盐脱氮复合菌剂冻干菌粉制备及其性能。

本书供给水排水、环境工程人员使用，并可供大中专院校师生参考。

责任编辑：郭　栋
责任校对：焦　乐

耐盐脱氮复合菌剂及其冻干菌粉的制备和性能

唐　婧　吴娜娜　陈金楠　徐　扬　马明扬　杨羽菲　著

*

中国建筑工业出版社出版、发行（北京海淀三里河路 9 号）
各地新华书店、建筑书店经销
北京红光制版公司制版
北京建筑工业印刷厂印刷

*

开本：787×1092 毫米　1/16　印张：9¼　字数：225 千字
2020 年 4 月第一版　2020 年 4 月第一次印刷
定价：**49.00** 元
ISBN 978-7-112-24785-1
（35009）

目　　录

第 1 章 概 述

1.1 高盐废水

高盐废水是指总含盐质量分数至少为 1‰ 的废水，具有来源广泛、成分复杂、高盐的特点。其主要来源于工业行业的生产过程和海水直接利用的过程。随着城市水资源的日益紧张，海水代用，即海水不进行淡化处理而直接替代淡水资源进行使用，已在沿海城市的工业生产和居民生活中得到广泛应用。在工业上，海水可作为锅炉冷却水应用于热电、核电、石化、冶金、钢铁等行业，也可作为印染、建材、制碱和海产品加工等行业的生产用水，大规模的海水直接利用均已在青岛、天津、秦皇岛和上海等地的临海企业开展。在城市生活中，海水可作为冲厕水，目前香港海水冲厕的普及率达到 70% 以上，我国沿海城市和岛屿也有小规模海水冲厕的应用。这些海水代用后排放的废水都是含有较高盐度的高盐废水。在内陆城市的印染、造纸、化工和农药等工业生产过程中也会产生大量的高含盐量的有机废水。

目前对高盐废水的处理可分为物理化学法和生物法两大类，采用物化法处理，投资大，运行费用高，且难以达到预期的净化效果。采用生物法处理高盐废水是目前国内外研究的重点。由于此类废水中有机物多为芳香类化合物和有毒有机溶剂，同时含有高浓度无机盐，如 Na^+、Ca^{2+}、Cl^-、SO_4^{2-} 等离子，具有危害性大、可生化性差、处理难度大等特点，用一般生物方法处理比较困难，效果不明显。高盐废水中氯离子浓度过高时，过高的环境渗透压会破坏菌体内的酶和微生物的细胞膜，使微生物活性受到抑制，从而影响微生物的生理活动，对废水生物处理系统产生毒害作用，导致除碳脱氮效率下降。驯化活性污泥中的微生物对氯离子的耐受范围有限，而且对环境的变化敏感。榨菜、采油、印染、医药、制革等含氮废水都具有高盐的特点，使得脱氮菌种的脱氢酶活性降低、细胞的质壁分离、生长代谢受抑制，而使常规生物处理法的脱氮效率降低，不能满足废水排放标准要求，增加了生物法处理高盐废水的难度。因此，构建高效的高盐废水生物脱氮系统已成为困扰化工行业发展和污水处理领域的世界性难题。

研究表明，利用耐盐微生物和嗜盐微生物处理高盐废水是可行的，通过投加分离驯化的高效菌能有效地处理高盐废水中的氮素。高效脱氮微生物是提高生物法处理高盐废水降碳脱氮效率及工艺运行稳定性的关键。因此，分离高效耐盐脱氮菌株，研制复合菌剂，开发生物强化技术，将为提高高盐废水脱氮效果与脱氮工艺运行的稳定性提供指导和技术支撑。

1.2 高盐废水处理工艺研究

高盐废水生物处理方法和技术多种多样，在好氧生物处理中以 SBR 工艺居多，该工艺处理效果好且稳定运行，建设运行费较低、结构简单、抗冲击负荷能力强。Woolard 等[1]利用 SBR 法处理盐度为 1%～15%的人工配制含酚废水，同时向其添加嗜盐微生物，研究表明当人工配制含酚废水的盐度为 15%时，酚的去除率为 99%左右。Hamoda 和 Al-Atlar[2]利用活性污泥法处理 NaCl 质量浓度分别为 10g/L 和 30g/L 的含盐废水，研究表明在高盐条件下，微生物活性及有机物去除率有所提高，在 NaCl 质量浓度分别为 0g/L、10g/L 和 30g/L 的条件下，TOC 去除率分别达到 96.3%、98.9%和 99.2%，可知在高盐条件下，不但没有抑制微生物的生长，反而促进了一些嗜盐细菌的生长，使反应器内微生物浓度增加，降低了有机负荷，也提高了污泥的絮凝性。王志霞等[3]采用 SBR 法处理含海水城市污水，结果表明当 NaCl 质量浓度低于 10500mg/L 时，随进水 NaCl 质量浓度的升高，出水的 SS 降低，污泥沉降性能逐渐增强，SBR 反应器运行良好。孙晓杰等[4]研究 SBR 反应器中海水对短程硝化的影响。研究表明，海水对硝酸菌的生长有一定抑制作用，而没有抑制亚硝酸菌的生长。Ahmet Uygur[5]利用 SBR 法处理盐度为 0～6%的废水的 COD、氨氮，研究表明，NaCl 对微生物有一定抑制作用，随 NaCl 质量浓度的增加，COD、氨氮的去除率有所降低。为了提高 COD、氨氮的去除效果，将一种耐盐微生物 *Halobacter halobium* 添加到活性污泥中，研究表明，添加 *Halobacter halobium* 的活性污泥的 COD、氨氮去除率高于未添加 *Halobacter halobium* 的活性污泥，尤其在高盐条件下。支霞辉等[6]利用 SBR 工艺研究不同盐度下的含盐废水的亚硝酸盐积累的影响，研究认为增加含盐量促进了亚硝酸盐的积累。孔范龙等[7]研究盐度对海水脱氮效果的影响，研究发现在盐度为 21g/L 以下时，氨氮去除率达到 80%以上，出水氨氮浓度符合一级排放标准，而在盐度高于 21g/L 的条件下，脱氮效果受到一定的影响，需靠延长曝气时间才能达到一级排放标准。

除此之外，还包括活性污泥法和接触氧化等工艺。张小龙等[8]采用接触氧化法处理高盐废水，同时向反应器中添加两株嗜盐菌，通过研究 COD 容积负荷、盐度、DO 对 COD 去除率的影响，结果表明当盐度为 3.5%、COD 容积负荷为 3.5kgCOD/(m³·d)、进水 COD 质量浓度为 4500mg/L 时，COD 去除率高达 90%左右。Dincer 和 Kargi[9]利用生物转盘处理不同盐度（0～10%）废水研究盐度对 COD 去除率的影响，结果表明，随盐度的提高，COD 去除率降低，当盐度分别为 5%和 10%时，COD 去除率分别为 85%和 60%。L. Yang[10,11]利用生物滤池和滴滤塔处理 TOC 质量浓度为 1000mg/L 的高盐度石油废水，TOC 去除率可达到 95%。Lei Y[12]采用好氧上流淹没式生物滤池和滴滤池联合工艺处理盐度为 20g/L 海水中的柴油，研究表明在进水 TOC 质量浓度为 1000mg/L 和 TOC 容积负荷为 1.5kg/(m³·d) 的条件下，TOC 去除率达到 90%以上。

厌氧处理法采用的工艺主要包括厌氧滤池、上流式厌氧污泥床（UASB）和厌氧接触等。Guerrero 等[13]利用中温厌氧滤池处理高氨、高盐的海产品加工废水。在运行过程中分阶段逐步提高进水容积负荷和含盐量。当 COD 容积负荷达到 5kgCOD/(m³·d)、含盐量（以 Cl⁻ 计）为 7.5g/L 时，COD 去除率仍高于 80%。刘峰[14]利用上流式厌氧生物滤池处理高盐度有机废水，在容积负荷为 4kg/(m³·d)、当进水 Cl⁻ 质量浓度为 3000mg/L、水力停留时间为 24h 时，COD 去除率为 85%左右。Shin C. T. 等[15]利用酵母菌 *Rhodotorula rubra* 处理泡菜生产废水，反应 48h 后，BOD₅ 质量浓度从 11000mg/L 降低至 3200mg/L 以下，并可完全去除废水的酸度。Choi M. H. 等[16]利用从环境中筛选的一株耐高渗的酵母菌 A9（*Pichia guilliermondii*）处理生产朝鲜泡菜所产生的高盐废水。在 NaCl 浓度为 10%（w/v）的条件下，BOD_5 去除率达到 90%，A9 菌的生长量却没有受抑制；而当 NaCl 浓度大于 12%（w/v）时，A9 菌生长速度减慢。

　　废水在实际处理过程中，为了使得高盐废水达到理想的处理效果，一般可根据实际情况，将多种工艺进行相互组合。An 等[17]采用两段生物接触氧化法分别处理盐度为 2.5% 和 3.4% 的有机废水，经过驯化后，BOD_5 的去除率可达 90%。Fikret Kargi 等[18]通过研究去除含盐废水的有机物，发现 NaCl 对微生物有一定的影响，使含盐废水的生物处理效率有所降低。这是因为高盐环境往往导致细胞质皱缩及细胞活性降低，从而使 COD 去除率降低。Thongchai Panswad[19]利用 A_2/O 工艺（厌氧/缺氧/好氧水力停留时间为 2h/2h/12h）处理 COD 质量浓度为 500mg/L、氮质量浓度为 25mg/L、磷质量浓度为 15mg/L 的废水，分别对其接种和未接种驯化后的污泥。当 NaCl 质量浓度从 0g/L 提升至 30g/L 时，未经驯化的污泥的 COD 去除率从 97% 降低至 60%，而经驯化后的污泥的 COD 去除率从 90% 降低至 71%。S. Belkin[20]利用厌氧/好氧两相生物处理 TDS 高达 90g/L 的化工污水，结果表明，溶解性有机碳（DOC）的去除率达到 50%。

1.3　耐盐反硝化菌及其影响因素

　　石油、化工、海产品加工、海产品养殖等行业产生的废水水量大，盐度和含氮污染物的浓度高，若这些废水输入水系，会造成水体富营养化，水域严重污染。生物脱氮工艺因其运行费用低且高效，而被广泛地应用于废水处理中。但是，盐析作用会降低微生物的脱氢酶活性。盐浓度升高时，水的渗透压也会随之升高，使得微生物细胞脱水引起细胞原生质分离，从而导致微生物细胞破裂而死亡[21]。普通微生物难以适应这样的高盐环境，从而导致生物法处理含氮高盐废水的脱氮效果不佳。因此，学者开始关注嗜盐反硝化菌，研究其筛选、主要种类及相应的形态特征、生长和脱氮的主要影响因素，以期应用嗜盐反硝化菌实现快速高效净化高盐含氮废水的目的。

1.3.1　碳源种类

　　碳源对反硝化性能的影响，菌体生长过程中需要有机物作为碳源，提供其生长和作为反硝化过程中所必需的能源。碳源的种类在很大程度上影响到细菌的反硝化性能，合适的碳源是提高硝酸盐及亚硝酸盐去除率的关键。

　　郭艳丽等[22]研究了分别以葡萄糖、蔗糖、乳糖、乙酸钠、柠檬酸钠、丁二酸钠、碳酸钠为唯一碳源，在初始 NO_3^--N 浓度为 120mg/L 时，碳源对轻度嗜盐反硝化菌 YL-1（*Dietzia sp.*）反硝化性能的影响。结果显示该菌能利用乙酸钠、蔗糖、葡萄糖、柠檬酸钠、丁二酸钠为碳源进行反硝化，以蔗糖和乙酸钠为碳源时，NO_x^--N 去除率达到 80% 以上，以蔗糖为碳源时反硝化效果最好，NO_x^--N 去除率能够达到 99.8%。

　　高喜燕等[23]研究了分别以酒石酸钾钠、乙酸钠、丁二酸钠、柠檬酸钠、葡萄糖、蔗糖、麦芽糖、甲醇为唯一碳源，在初始 NO_3^--N 浓度为 140mg/L 时，碳源对嗜盐反硝化菌 2-8（*Pseudomonas sp.*）生长性能和反硝化作用的影响。结果显示，菌株 2-8 不能利用酒石酸钾钠、蔗糖、麦芽糖、甲醇作为碳源，进行生长和反硝化；能够利用乙酸钠、丁二酸钠、柠檬酸钠、葡萄糖作为碳源，进行生长和反硝化，但都有浓度 35mg/L 左右的亚硝氮积累，脱氮率为 67%～75%；以葡萄糖为碳源时，菌株生长最好，OD_{600} 能够达到 0.55 左右；以柠檬酸钠为碳源时，脱氮率最高，达到 74.88%。

HAMID-REZA 等[24]研究了分别以丁二酸二钠、乙酸钠、柠檬酸钠、乙醇、葡萄糖、甲醇、蔗糖作为唯一碳源，在初始 NO_3^--N 浓度为 225.8mg/L 时，碳源对菌株 ASM-2-3（*Pseudomonas sp.*）反硝化性能的影响。结果显示，菌株 ASM-2-3 不能利用甲醇和蔗糖作为碳源，可以利用柠檬酸盐、乙醇、葡萄糖、丁二酸二钠、乙酸钠作为碳源；在以丁二酸二钠和乙酸钠作为唯一碳源时，经过 70h 左右，脱氮率几乎为 100%，但菌株利用丁二酸二钠为碳源时，其反硝化速率更快。

假单胞菌属（*Pseudomonas sp.*）和迪茨氏菌属（*Dietzia sp.*）的嗜盐反硝化菌，都能利用柠檬酸盐、葡萄糖、丁二酸盐、乙酸钠。假单胞菌属（*Pseudomonas sp.*）的嗜盐反硝化菌以柠檬酸盐或丁二酸盐或乙酸钠为碳源时反硝化性能较好，以葡萄糖为碳源时，生长最好，但其不能利用酒石酸钾钠、蔗糖、麦芽糖、甲醇；而迪茨氏菌属（*Dietzia sp.*）的菌株能够利用蔗糖，并且具有较好的反硝化效果。

1.3.2 盐度

盐度对反硝化性能有一定的影响，适宜的盐度不仅有利于嗜盐反硝化菌其生长，也有利于其达到最佳的反硝化效果。

高喜燕等[23]研究了 NaCl 浓度分别为 0、10、20、30 、40、50、60（单位：g/L），初始 NO_3^--N 浓度为 140mg/L 时，盐度对分离自海水环境的菌株 2-8（*Pseudomonas sp.*）反硝化性能的影响。结果显示，在 NaCl 浓度为 0～30g/L 范围内，盐度对其反硝化特性影响不大，脱氮率达到 70% 左右；但 NaCl 浓度为 40g/L 时，菌株脱氮率下降到 60%，NaCl 浓度为 50g/L 及更高盐度时菌株不生长，脱氮率几乎为 0。

李静等[25]研究了 NaCl 浓度分别为 50、75、100、125、150、175、200、225、250（单位：g/L），初始 NO_3^--N 浓度为 138mg/L 左右时，盐度对分离来自味精工厂的活性污泥的菌株 GQ-42（*Bacillus cereus*）反硝化性能的影响。结果表明，在 NaCl 浓度为 50～100g/L 的范围内，NO_3^--N 去除率在 90% 以上；当 NaCl 浓度超过 150g/L 时，随着盐度的增大，NO_3^--N 去除率开始下降，在 NaCl 浓度为 250g/L，NO_3^--N 去除率降至 70% 左右。

菌株 GQ-42（*Bacillus cereus*）与菌株 2-8（*Pseudomonas sp.*）相比，能够适应更高的盐度范围，获得较高的脱氮效率。分析认为，这可能与两株菌的分离环境有关，菌株 2-8 从海水环境中分离获得，更适应 NaCl 浓度在 30g/L 的范围内生长及进行反硝化；而菌株 GQ-42 从味精工厂的活性污泥中分离得到，故能够耐受更高的盐度。

1.3.3 温度

温度对反硝化性能也有一定的影响，温度的变化直接影响微生物酶活性、生长速度、化合物溶解度。且各种微生物都有其适宜的生长温度和代谢温度，故温度对污染物的降解转化起着关键作用。

高喜燕等[23]研究了培养温度分别为 4℃、12℃、20℃、25℃、30℃、37℃，在初始

$NO_3^- $-N 浓度为 140mg/L、柠檬酸钠为唯一碳源、C/N 为 15、pH 为 7.5、NaCl 浓度 30g/L、摇床转速 160r/min 的条件下，菌株 2-8（*Pseudomonas sp.*）的反硝化性能。结果表明 2-8 不能在 4℃ 和 37℃ 生长，在 12~30℃ 温度范围内，该菌株的生长和脱氮率随着温度的升高而增加，在 30℃ 时其生长量达到最大，OD_{600} 为 0.5 左右，脱氮率达到最高，为 90% 左右。在 20~30℃ 范围内，其脱氮效率都能够达到 80% 以上。

李静等[25]研究了温度为 22℃、26℃、30℃、34℃、38℃、42℃，在初始 NO_3^--N 浓度为 138 mg/L 左右时，菌株 GQ-42（*Bacillus cereus*）的反硝化性能。结果表明，菌株 GQ-42 在 26~38℃ 的范围内能够保持较高的反硝化活性，NO_3^--N 的去除率均可达到 90% 以上，30℃ 时 NO_3^--N 的去除率为最高。

由此可知，耐盐反硝化菌与大多数微生物一样，其最佳生长代谢温度在 30℃ 左右。

1.4 复合菌剂在水处理中的应用

复合菌剂具有极高的降解能力、适应环境因子变化能力、功能性强、经济效益高等特点，因此常常用于处理水样中的 COD、氨氮以及一些其他污染物质等。表 1-1 列举了复合菌剂对不同废水中的 COD、氨氮以及总氮等指标的去除效率，对于不同废水的 COD 去除率均高达 80% 以上，而对于废水中氨氮的去除率均高达 75% 以上。表 1-2 列举了复合菌剂对不同水样中的其他污染物质（如 TOC、色度、铁、锰等）的去除效率，对水样中的 TOC、色度的去除率均达到 80% 以上，而对废水中的铁、锰的去除率分别达到 80% 和 50% 以上。

对不同水样中 COD 和总氮等的指标的去除率　　　　表 1-1
The removal rates of COD, ammonia and total nitrogen in different wastewater　　　Table 1-1

复合菌剂	处理水样	处理指标	去除率	参考文献
硝化菌、亚硝化菌和反硝化菌	含氮废水	总氮	76.7%	[26]
中国环境科学研究院某重点试验室提供（液态）的复合菌剂	黑臭河水	氨氮	80% 以上	[27]
		COD	80% 以上	
试验室 SBR 处理高盐高硫废水的活性污泥中筛选获得 XSH7、硝化菌 SW32	高盐高硫废水	氨氮	92%	[28]
		COD	93%	
Nitrosomonas, Paracoccus	人工废水	总氮	87%	[29]
复合微生物	城市污水	COD	90% 以上	[30]
复合微生物菌剂和脱氮微生物菌剂	炼油废水	COD 氨氮	35.47% 59.28%	[31]
复合菌剂	东莞理工学院校园生活污水	氨氮	88.25%	[32]

续表

复合菌剂	处理水样	处理指标	去除率	参考文献
		COD	96.03%	
复合微生物细胞	初始氨氮含 26mg/L 的合成废水	氨氮	84%	[33]
复合硝化细菌	循环养殖水体	氨氮	77%	[34]
蜡样芽孢杆菌、乳杆菌、水单胞菌等组成的复合菌剂	养殖污水	COD	58%~77.3%	[35]
		氨氮	55%~89%	
具有净化和改善水质功能的菌株 C-4 和 NCG1 组成的复合菌	养殖废水	氨氮	84.4%	[36]
		硝氮	86.91%	
		COD	81.36%	
混合菌	啤酒废水	COD	92%以上	[37]

对不同水样中的一些其他污染物质的去除率　　　　表 1-2
The removal rates of the other pollutants in different wastewater　　　Table 1-2

复合菌剂	处理水样	处理指标	去除率	参考文献
复合嗜盐菌	高盐有机废水	TOC	85.5%	[38]
光合细菌（Rhodopseudomonas palustris）、芽孢杆菌（Bacillus subtilis）	重度富营养化湖泊四美塘湖	高锰酸钾盐指数	52.78%	[39]
		TP	73.02%	
微球菌属（Micrococcus）、黄单孢菌属（Kanthomonas）	印染废水	色度	85.5%	[40]
从本试验室 SBR 处理高盐高硫废水的活性污泥中筛选获得 XSH7、硝化菌 SW32	高盐高硫废水	THS	92%	[28]
从活性污泥等微生物源中筛选获得的高效脱色菌制	染化废水	脱色率	提高 5%~10%	[27]
亚铁杆菌属的分离培养基培养的细菌 A，嘉氏铁柄杆菌的分离培养基培养的细菌 B，缠绕纤发杆菌的分离培养基培养的细菌 C，PYCM 培养基培养的细菌 D	沈阳浑南给水厂	铁	平均达到 80%以上	[41]
		锰	平均达到 50%以上	
Enterobacter cloacae，Gordonia	市政废水	TOC	80%~84%	[42]
筛选到的优势菌构造微生物菌剂	PAM 溶液	PAM 降解率	89%	[43]

复合菌剂	处理水样	处理指标	去除率	参考文献
EM 菌	藻类（微胞藻属和片藻属占 70%，绿藻门和娃藻门占 24%）过度繁殖水域	蓝藻的最大抑制率	75%	[44]
枯草芽孢杆菌、乳酸乳杆菌和植物乳杆菌组成的复合菌	新鲜淡水、60% 的盐水和 300mg/L 的 NO_3^--N 为水体	小虾的死亡数目	比未投加菌低 26%~40%	[45]

1.5 复合菌剂的影响因素

1.5.1 pH

废水中 pH 对复合菌剂的生命活动影响很大，复合菌剂只有在合适的 pH 范围内才能有效地发挥其作用。超出一定范围，复合菌剂的正常生长就会受到抑制，从而导致其降解性能下降。

叶姜瑜等[46]发现，从焦化废水的活性污泥中初步筛选出多种不同的菌株的复合菌剂分别在 pH 为 4、5、6、7、8、9 的条件下，处理生活污水的效果有所差异。在 pH 为 6 时，微生物的量最多，COD 的降解率也最大，达到 48.89%。

马会强等[47]分别在 pH 为 5、6、7、8、9 的条件下研究来自某硝基苯生产工厂排污管线的底泥和吉化污水处理厂曝气池活性污泥的 5 株菌株对硝基苯的降解程度，在 pH 范围为 5.0~7.0 时，48h 后降解率趋近于 100%。当 pH 为中性时，降解率达到最高；在 pH 为 9 的条件下，菌株的降解能力受抑制，48h 后降解率仅达到 67%。因此该复合菌在最适 pH 范围为 6.0~7.0 的条件下对硝基苯降解率最高。

张丹丹[48]分别在 pH 为 4、5、6、7、8、9 条件下，研究嘉氏铁柄杆菌的分离培养基培养的细菌 B，缠绕纤发杆菌的分离培养基培养的细菌 C，PYCM 培养基培养的细菌 D 混合细菌对铁的去除效果。在 pH 为 4 和 5 时，混合细菌对铁虽有一定的去除效果，但不是很好。在 pH 为 6 和 7 时，在第 7 天时，混合细菌去除铁后的铁含量就已经在 0.3mg/L 以下；pH 为 8 时，在第 11 天，混合细菌去除铁后的铁含量才达标；pH 为 9 时，在第 13 天时才基本达标。在整个试验阶段来看，pH 为 6 和 7 时，混合细菌对铁的去除效果最好，氧化速率也较快。

1.5.2 温度

温度对微生物的生理生化活性有着巨大的影响，并影响微生物的分布及数量。因此，温度对污水生化处理系统的处理效率有一定的影响，合适的温度下，复合菌剂能发挥最佳状态。

郑巧东等[26]利用硝化菌、亚硝化菌和反硝化菌在温度分别为 10℃、15℃、20℃、25℃、30℃、35℃、40℃、45℃、50℃条件下对含氮废水脱氮混合培养 25h，得到不同温度下，脱氮率均在 70％以上，虽然 30℃下反硝化进程活跃，脱氮率稍高，但温度对脱氮率影响并不明显。

张丹丹[48]在温度分别为 5℃、10℃、15℃、20℃、25℃条件下研究嘉氏铁柄杆菌的分离培养基培养的细菌 B，缠绕纤发杆菌的分离培养基培养的细菌 C，PYCM 培养基培养的细菌 D 混合细菌对锰去除效果。在试验阶段所选取的温度变化范围内，混合细菌对锰的去除效果在各个培养温度阶段相差不大，但在 10℃和 15℃时，混合细菌去除锰的效果要好一点，在第 9 天的时候，氧化后的锰含量就已经基本达标。温度在 20℃和 25℃时，氧化后锰含量在第 11 天时达标。而温度为 5℃时，在试验阶段的最后一天，混合细菌氧化锰后的锰含量才达标。这说明温度过低，降低了酶的活性，从而降低了铁锰细菌的活性，所以混合细菌对锰的氧化作用也就降低了。试验表明，温度在 10～15℃时，混合细菌对锰的去除效果较好。

1.5.3 接种量

复合菌剂的接种量对于废水的处理效果具有重要影响，结合废水的污染物去除效果和经济方面考虑，合适的接种量是处理废水中污染物的关键。

徐军祥等[28]分别在接种量为 0、1％、5％、10％、15％的条件下处理高盐高硫废水，研究发现随着从本试验室 SBR 处理高盐高硫废水的活性污泥中筛选获得 XSH7 和硝化菌 SW32 构建的复合菌剂投菌量的增加，BS 的 COD 降解速度逐渐加快；但当投菌量由 10％提高到 15％时，达到相同 COD 去除率的时间不但没有缩短，反而滞后 2h，说明投菌量增加到一定程度后，对系统降解速度影响变化不大，所以本试验最佳投菌量为 10％。

马会强等[47]分别在接种量为 1/200、5/200、10/200、15/200、20/200 的条件下研究来自某硝基苯生产工厂排污管线的底泥和吉化污水处理厂曝气池活性污泥的 5 株菌株对硝基苯的降解程度，随着接种量的增大，混合菌对硝基苯的降解速度加快，在接种量为 1/200 的条件下，完全降解硝基苯大约需要 60h，而当接种量为 20/200 时，完全降解硝基苯大约需要 30h，周期缩短了 1/2，说明增大接种量可缩短降解周期，但不是接种量越大降解率越大。这是由于接种量过大，菌株处于贫营养状态，生长代谢受到抑制，从而降低降解率。在硝基苯浓度为 382mg/L 条件下，最适宜的接种量为 10/200。

邓海静等[49]在接种量为 1/150、5/150、10/150、15/150、20/150 的条件下研究由红球菌（*Rhodococcus sp.*）H、耶氏酵母菌（*Yarrowia sp.*）A、假单胞菌（*Pseudomonas sp.*）N1N2、不动杆菌（*Acinetobacter sp.*）LD2 和新鞘氨醇杆菌（*Novosphingobium sp.*）T2 构建的混合菌对柴油废水的降解能力，在柴油初始质量浓度为 450mg/L、接种量为 5/150 的条件下，反应 2d 后脱氢酶活性的最高峰为 39.6mg/（L·h），反应 4d 后柴油质量浓度降至 25mg/L，混合菌对柴油的降解率高达 94.4％。当混合菌接种量为 1/150 时，柴油的降解率明显降低；当混合菌接种量由 5/150 提升至 20/150 时，柴油的降解率相差不大。因此混合菌的最佳接种量为 5/150。

1.5.4 其他因素

叶姜瑜等[46]分别在 C/N 为 3∶1、5∶1、10∶1、15∶1、20∶1 的条件下研究从焦化废水的活性污泥中初步筛选出多种不同的菌株的复合菌剂对强化活性污泥处理生活污水的效果。总体看来，生物量变化不是很大，说明所研究的焦化废水中的 C/N 不失衡，能满足微生物的需求，但不同 C/N 对 COD 降解率有影响。当 C/N 为 5：1 左右时，生物量最好，此时的 COD 降解率也最高，达到 52.92%。

1.6　基于真空冷冻干燥技术制备菌粉

真空冷冻干燥技术简称冻干技术，是将湿物料或溶液先在较低的温度下冻结成固态，然后在真空条件下使其中的水分不经液态直接升华成气态，最终使物料脱水的干燥技术。真空冷冻干燥技术是将真空技术、制冷技术和干燥技术结合起来[50,51]。真空冷冻干燥主要分为冻结、升华干燥和解析干燥三个过程。首先，冻结过程是将物料充分冷却，使物料完全固化。通过冻结可以使物料的主要性状不发生改变，保证物料具有良好的结构。升华干燥过程也是第一阶段干燥过程，是在低温条件下对物料加热，使物料中被冻结成冰的"自由水"直接升华成水蒸气。这一阶段结束后，物料中最终平均只有 10%～20% 左右的水分残留。最后通过解析干燥过程（即第二阶段干燥过程）去除剩余吸附在物料中的结合水。经过解析干燥后的物料，其水分的残留量一般为 1%～3%[52,53]。

1.6.1　冻干保护剂对菌粉制备的影响

冻干保护剂对微生物冷冻干燥效果的影响很大。目前，对于绝大多数菌体而言，真空冷冻干燥后要获得存活率较高的菌体，其关键就在于对保护剂的高效利用。在冻干过程中，保护剂的高效利用可以有效地防止或减轻冻干过程中及之后复水时对菌体细胞所产生的伤害。这样，菌体的各种理化性质和生理活性在冻干后几乎不会发生改变，对之后菌体保藏期间细胞的稳定性也起到了很好的保护维持作用[54]。因此，针对冷冻、干燥、贮藏等外部环境对微生物存活率造成的影响，可在菌悬液中加入合适的保护剂，减少或避免外部恶劣环境条件对微生物造成破坏，进而提高微生物的存活率。

保护剂按照分子量可分为低分子物质和高分子化合物。低分子物质是为了防止有害反应或者氧化作用，一般发挥直接保护作用。高分子化合物能够包裹于菌体外层，增厚菌体的保护层，减少其暴露于外界的面积，还避免了由于细胞破碎导致胞内物质的外漏，同时高分子化合物还能促进前者的保护作用。按保护剂的作用方式可将保护剂分为：能渗入细胞的保护剂（细胞内保护）和不能渗入细胞的保护剂（细胞外保护）。能够渗入细胞的保护剂与水的结合能力比较强，能发生水合作用，使细胞内溶质的溶度上升，由于细胞内外压力相近从而能抑制过度脱水现象，从而降低对细胞的损伤程度[55]。而不能渗入细胞的保护剂可形成氢键和亲水基稳定水分子层，阻碍了膜内结合水的流失，从而保护了细胞结构[56]。根据保护剂的性质，又可以分为糖类、蛋白类、醇类、氨基酸类及其他类型保护剂。

糖类保护剂主要包括单糖、低聚糖和多糖。目前，常采用低聚糖中的二糖作为冻干保护剂，因为二糖既能在冷冻过程中起到低温保护的功能，又能在干燥脱水过程中起到脱水保护的作用。这类保护剂具有大量羟基，可以与蛋白质形成氢键，取代膜周围水分子，形成表层保护膜，稳定蛋白质的结构[57]。蛋白类保护剂主要包括牛乳蛋白、血清、大豆蛋白和胶原蛋白等，常用作冻干保护剂的是脱脂乳（脱脂奶粉），可以在菌体表面形成一层有效地保护层，对菌体进行包裹，减少胞内冰晶的形成，提高细胞的稳定性以降低细胞损伤[58]。很多研究者认为，脱脂奶粉能被广泛应用，是因为它同时可作为一种填充剂，为干粉提供较轻的多孔无定型结构，容易复水[59]。常用的醇类保护剂有甘油和甘露醇等。甘油是优良的冷冻保护剂，在微生物冷冻过程中发挥着重要作用，它可以减少细胞内冰晶的形成，能够促进微生物悬浮液玻璃态的形成[60]。甘露醇作为冻干保护剂时起到填充剂的作用，为活性组分提供支撑结构，同时也不会与活性组分发生反应。氨基酸类保护剂是因为氨基酸离子具有酸、碱两性，能够在低温保存和冷冻干燥过程抑制溶液 pH 的变化，从而达到保护活性组分的目的[61]。

由于不同保护剂的保护效果是不同的，单一的保护剂并不能满足要求，所以保护剂通常都是按一定配方复合使用。通过大分子保护剂与小分子保护剂结合、渗透性保护剂与非渗透性保护剂结合和糖类保护剂与蛋白类保护剂结合等理论复合保护剂，使其达到增效、协同的作用[62]。

牛爱华等[63]对低温产甲烷菌菌剂的保护剂进行研究，发现用 10％脱脂奶粉与 5％可溶性淀粉复合处理菌液与 10％脱脂奶粉相比，活菌存活率大幅度提高，由 38.5％增长到 68.4％。

徐丽萍等[64]对脱脂乳、麦芽糖糊精、海藻糖、谷氨酸钠、VC、甘油和 $MnSO_4$ 等保护剂间联合作用的研究表明单一及复合保护剂均对菌体存活率都具有一定的保护作用，但复合保护剂的效果明显高于单一保护剂。复合配方 16％脱脂乳＋10％麦芽糖糊精＋10％海藻糖＋1％谷氨酸钠＋2％VC＋2％甘油＋0.8％ $MnSO_4$ 对嗜酸乳杆菌的保护效果最佳，经冷冻干燥得到的嗜酸乳杆菌菌粉中活菌数量达到 10^{10} cfu/g。

杜磊等[58]以保加利亚乳杆菌和嗜热链球菌混合菌为研究目标，筛选出蔗糖、脱脂乳和谷氨酸钠三种保护剂，经过正交试验得出，复合保护剂的最佳配比为 10％蔗糖＋10％脱脂乳＋5％谷氨酸钠，冻干菌粉的存活率达到 95％以上。

杨丽娟等[65]发现制备副干酪乳杆菌冻干菌粉时，当保护剂中脱脂乳质量浓度为 10.49％和葡萄糖质量浓度为 4.22％，冻干厚度为 0.30cm 时，菌体存活率达到了最大值 94.9％，与不加保护剂相比细胞存活率有极显著提高。

田文静等[66]对植物乳杆菌 *L. plantarum* LIP-1 进行微胶囊包埋处理，并在微胶囊制备过程中添加由 2％甘油＋1％麦芽糖＋2％L-半胱氨酸＋2％的乳糖组成的保护剂，冻干存活率由 56.41％提高到 83.80％，同时胶囊的性能优于未添加的胶囊。

Li 等[67]研究加入 5％或 10％海藻糖作为保护剂，可与高含量的细胞内海藻糖相互作用，可使罗伦隐球酵母（*Cryptococcus laurentii*）和粘红酵母（*Rhodotorula glutinis*）两类拮抗酵母菌的存活率分别提高到 90％和 97％左右。

Polomska 等[68]研究冻干酵母菌，单独使用 10％脱脂奶粉作为保护剂时，球形假丝酵母（*Candidasphaerica*）的存活率是 20％左右；当 10％脱脂奶粉＋10％谷氨酸钠作为保护剂时，它的存活率达到 50％左右；当 10％脱脂奶粉＋10％海藻糖或 10％脱脂奶粉＋10％海藻糖＋10％谷氨酸钠作为保护剂时，它的存活率达到 80％左右。

王大欣等[69]采用真空冷冻干燥法制备巨大芽孢杆菌 NCT-2，通过响应面法优化冻干保护剂为：4.51mg/g 蔗糖＋0.9mg/g 海藻糖＋9.6mg/g 葡萄糖时，冻干菌粉存活率最高为 91.8％。

余萍等[70]通过正交优化保护剂研究，发现冻干保护剂配方为：10％脱脂乳粉＋4％麦芽糊精＋7％海藻糖＋1％甘油时保护效果最好，鼠李糖乳杆菌（H0107）的存活率为 96.38％。

1.6.2 真空冷冻干燥技术的工艺条件

冻干的主要目的是长期稳定地保持微生物的活性，而要保持活性必须具有适量的水分。同时，在储存过程中，残余的水分含量对冻干菌粉的稳定性也有重要的影响。冻干菌粉的残余含水量通常控制在 1.0％～3.0％（质量分数）范围之内，残余含水量过多或过少都会影响冻干菌粉的活性。这是因为，残余含水量过少时干燥将会导致活细胞死亡；而残余含水量过多会导致蛋白质分子结构发生改变，使蛋白质变性失活。冻干菌粉的残余含水量主要与干燥温度、干燥室压力、冻干厚度和冻干时间有关[71]。

有研究发现在冻干过程中，当干燥温度、压力（真空度）和冻干时间一定时，冻干菌粉的残余含水量与冻干厚度有关[72]。杜曼[73]对不同物料厚度对细胞活性的影响进行了研究，发现在厚度为 6mm 时细胞的存活率可达 80％以上。

菌体与保护剂混合的比例、平衡时间、菌悬液的预冻温度和时间都等都会影响细胞的存活率。为了确保制备的冻干菌粉中含有高活菌数并且在长期保藏后仍具有较高的活性，一般采用较高浓度的菌悬液[74]。如果保护剂量太少，则细胞表面被覆盖的程度以及维持细胞中蛋白质结构等的作用不够，这样就可能导致细胞在冻干时暴露区域及细胞通透性较大，从而死亡率也增加。而且适当的延长平衡时间，有利于保护剂成分充分渗入菌体内，提高菌体的抗冻能力。微生物冷冻时间过长也会给细胞造成损伤，使细胞失活；但如果预冻时间不够，预冻结束后在菌体转移到真空冷冻干燥机的过程中极易融化，容易对菌体造成机械损伤。

有研究认为，通常霉菌孢子和酵母菌细胞的浓度要大于 10^7 cfu/mL，放线菌和细菌浓度要大于 10^8 cfu/mL[75]。

Wright 等[76]研究发现高菌体密度易于形成菌胶团，增加菌体的抗冻性，对菌体有保护作用。

李娜[77]将植物乳杆菌菌泥与冻干保护剂按照 1：5 的比例混合，冻干后菌粉的存活率可达 68.9％，活菌数为 5.8×10^{10} cfu/mL。

王璐[78]发现，嗜热链球菌与保加利亚乳杆菌经历不同的冷冻时间，冻融后冷冻存活率呈下降趋势，干燥后的冻干存活率在未完全冻结的时间段相对较低。当菌体内水分完全冻结后，冻干存活率无明显差异。

刘丽凤等[79]发现，过长时间的冷冻会使蛋白质变性，细胞膜的通透性增大，水分大量流失，细胞因失水过多而导致死亡。

Bumsoo Han 等[80]经过研究认为，温度下降过快会使菌体内的自由水来不及渗出形成冰晶，从而造成菌体损伤甚至死亡。

也有研究表明，降温速率慢会形成大的冰晶，破坏菌体结构。Ming[81]发现－80℃快速降温冻干 *L. salivarius* I 24 比－30℃预冻能获得更高的存活率。

龚虹等[82]在－40℃的条件下对 *Lactobacilluis plantarum* SQ-2506 的预冻时间进行了研究，发现冻干存活率随着预冻时间的延长先增加后降低，预冻 2h 时冻干存活率最高为 70.21％。

1.6.3 冻干菌粉的贮存与应用

目前，真空冷冻干燥技术已经广泛应用于食品加工业、生物工程、发酵行业等[83]。在食品加工业中，冻干技术主要用于果蔬、水产、肉禽、营养保健类食品以及速溶饮品等[84]。李玉斌等[85]采用真空冷冻干燥技术将一株戊糖乳杆菌和一株酵母菌制成复合泡菜专用菌剂，将自制复合菌剂作用于甘蓝发酵，市售菌剂与自然发酵相比，菌剂发酵产酸速率更快，亚硝酸盐含量更低，感官评价更优。在医药方面，其主要用于血清、血浆、疫苗、酶、抗生素等药品的生产，还用于生物化学、免疫学和细菌学等临床检验药品的干燥，它可以使药品不变质，便于长期保存，可实现药剂定量准确，容易进行大批量、无菌化操作[86]。在微生物方面，真空冷冻干燥技术主要应用于采后果蔬生防试剂、益生菌、发酵剂等。真空冷冻干燥微生物大致分为酵母、细菌及霉菌。微生物经冻干技术后贮藏时间长、物质性能稳定、在贮藏期可避免其他杂菌污染、便于运输使用、易实现商品化生产[87-89]。李情敏等[90]经真空冷冻干燥将纳豆芽孢杆菌（Bacillus natto）、嗜酸乳杆菌（Lactobacillus acidophilus）、双歧杆菌（Bifidobacterium）分别制成益生菌粉单体，再经复配制成复合益生菌粉制剂使用。

冻干制品常采用真空封存的形式，在低温条件下储存。一般来讲，温度越低，冻干制品的稳定性越好。有研究表明，冻干制品采用真空封存、4℃冷藏，储存期可达1年以上；而采用真空封存、室温下保存，储存期只有3个月[91]。

杜曼[73]将 B. longum NCU712 冻干菌粉放置于−4℃、4℃及25℃环境中，分别在0、15d、30d、60d时，取样测定活菌数。结果表明，在−4℃下，菌粉保藏效果最佳，在25℃环境中，不适宜菌粉保藏，15d时活菌数即降至0。

杨正楠[92]将富硒 L. plantarum NCU116 冻干菌粉放置于−20℃、4℃和常温条件下，分别在0、15d、30d、40d、60d时，取样测定活菌数。结果表明，在−20℃下，菌粉保藏效果最佳。

第 2 章　耐盐优势菌株的分离与鉴定

20 世纪 80 年代中期以来，人们从土壤、养殖废水[93-94]池塘、稻谷沉积物[95]等诸多环境中分离出好氧反硝化菌，Mevel 和 Prieur[96]、Robertson 和 Kuenen[97]等人证明了好氧反硝化菌确实存在，目前国内外学者对普通好氧反硝化菌的研究较多，但是对于高盐这一特殊环境，分离筛选出的耐盐好氧反硝化菌的研究还鲜有报道。耐盐菌有良好的耐盐性能且能够有效去除有机物污染物，大量耐盐菌的存在能够提高工艺耐受盐度冲击的能力。所以，从高盐环境中分离出耐盐 COD 降解菌、耐盐脱氮菌，将有助于提高生物法处理高盐废水的处理效果和工艺运行的稳定性。

来自市政污水处理厂二沉池的活性污泥经培养驯化后，接种至本试验室处理高盐废水的生物接触氧化反应器中。实现稳定运行时，进水 COD 浓度为 543.4mg/L，COD 去除率达到 92.3%，进水氨氮浓度为 52.9mg/L，脱氮率达到 96.3%。此时从反应器的成熟耐盐活性污泥中筛选分离得到耐盐反硝化菌（*Halomonas sp.*）、耐盐硝化菌（*Bacillus sp.*）和普通耐盐菌（*Halomonas sp.*）35 株，优选其中耐盐反硝化菌 F2、F3、F5 和 F10、耐盐硝化菌 X23 和普通耐盐菌 N39。本章主要介绍以生物接触氧化工艺处理高盐废水驯化培养的成熟耐盐活性污泥作为菌源，分别采用耐盐菌分离培养基，耐盐反硝化菌分离培养基来分离纯化耐盐降碳脱氮菌株，并且结合菌落形态特征、菌株生理生化反应和 16Sr RNA 序列分析鉴定各菌株到属，明确各菌株特征。

此外，探索耐盐菌的生长特性和污染物降解能力是研究其高效降解有机污染物的首要任务，也是菌种成功进行纯培养和实现工程应用的前提保证。为了明确分离纯化得到的耐盐菌生长特性满足细菌生长的需求，获得更多的生物量，使细菌能在适宜的环境下保持高效的污染物降解能力，本章对 3%（Cl⁻浓度为 20000mg/L）、7%（Cl⁻浓度为 50000mg/L）、12%（Cl⁻浓度为 80000mg/L）三种不同盐度下，耐盐菌的生长特性和 COD 降解性能进行了研究。

2.1　分离、测试培养基

耐盐菌分离培养基（g/L）：牛肉膏 10；蛋白胨 10；人工模拟海水 1L；pH 自然。

耐盐反硝化菌分离培养基（g/L）：CH_3COONa 5；K_2HPO_4 1；$FeSO_4 \cdot 7H_2O$ 0.05；$NaNO_2$ 0.8；$NaNO_3$ 1；$MgSO_4 \cdot 7H_2O$ 0.2；$CaCl_2 \cdot 7H_2O$ 0.02；维生素液 2mL；微量元素液 2mL；人工模拟海水 1L；pH 自然。

耐盐反硝化菌基础培养基（g/L）：KNO_3 2.0；$K_2HPO_4 \cdot 3H_2O$ 0.655；CH_3COONa 9.5；维生素液 2mL；微量元素液 2mL；人工模拟海水 1L；pH 6.8～7.2。

耐盐异养硝化性能测试培养基（g/L）：NH4Cl 1.06；CH_3COONa 9.5；$K_2HPO_4 \cdot 3H_2O$ 1.245；$MnSO_4 \cdot H_2O$ 0.01g；$FeSO_4 \cdot 7H_2O$ 0.05；维生素液 2mL；微量元素液

2mL；人工模拟海水 1L；pH7.0～8.0。

人工模拟海水（g/L）：NaCl 26.726；MgSO$_4$ 3.248；MgCl$_2$ 2.26；CaCl$_2$ 11.53；NaHCO$_3$ 0.198；KCl 0.721。

构建复合菌剂时的培养基：NaCl 30g/L；MgSO$_4$ 3.248g/L；MgCl$_2$ 2.26g/L；CaCl$_2$ 11.53g/L；NaHCO$_3$ 0.198g/L；KCl 0.721g/L；K$_2$HPO$_4$ · 3H$_2$O 1g/L；NH$_4$Cl 0.382g/L（或者 NaNO$_3$ 0.607g/L）；CH$_3$COONa 2g/L；FeSO$_4$ · 7H$_2$O 0.05g/L；维生素液 2mL；微量元素液 2mL。

维生素液（g/L）：钴铵素 0.01；抗坏血酸 0.025；核黄素 0.025；柠檬酸 0.02；吡多醛 0.05；叶酸 0.01；对氨基苯甲酸 0.01；肌酸 0.025。

微量元素液（g/L）：Na$_2$EDTA 63.70；ZnSO$_4$ 2.20；CaCl$_2$ 5.50；MnCl$_2$ · 4H$_2$O 5.06；FeSO$_4$ · 7H$_2$O 5.00；Na$_2$MO$_4$ · 4H$_2$O 1.10；CuSO$_4$ · 5H$_2$O 1.57；CoCl$_2$ · 6H$_2$O 1.61。

固体培养基加 1.5%～2%琼脂粉。

2.2 耐盐除碳脱氮菌株的分离与纯化

以生物接触氧化法处理高氯废水培养驯化的成熟耐盐活性污泥为菌源，按 5%的接种量，分别接种到盛有耐盐菌、耐盐反硝化菌的液体培养基的三角瓶中，置于恒温振荡培养箱中富集培养，控制温度 30℃，转速 125r/min。当菌液浓度显著增大时进行转接，连续转接 3 次后，在无菌操作的条件下，取富集培养的耐盐活性污泥 10mL 接入事先已灭菌并装有无菌玻璃珠和 90mL 无菌水的三角瓶中，反复振荡，使细菌呈单细胞状态分散于水中；采用倍比稀释法，将样品稀释为 10^{-2}～10^{-6} 稀释度，用移液枪分别吸取 0.1mL 耐盐菌、耐盐反硝化菌稀释液置于相应固体培养基上，用无菌玻璃耙涂布均匀，每个稀释度做 3 个平行样，然后倒置于 30℃生化培养箱中，培养至长出单菌落，见图 2-1、图 2-2。用无菌接种环挑取单菌落，在相应固体培养基平板上画线，然后倒置于 30℃生化培养箱，培养至长出单菌落。重复多次进行平板画线分离，使菌株纯化，见图 2-3、图 2-4。挑取单菌落稀释后进行显微镜观察，确定菌株形态一致，并进行革兰氏染色，见图 2-5、图 2-6。

（1）涂布稀释分离平板图片

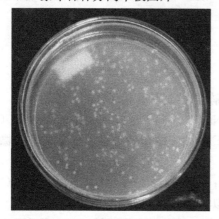

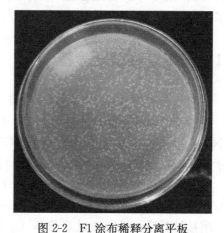

图 2-1　F10 涂布稀释分离平板

Fig. 2-1　Coating diluted separation tablet of F10

图 2-2　F1 涂布稀释分离平板

Fig. 2-2　Coating diluted separation tablet of F1

（2）画线分离平板图片

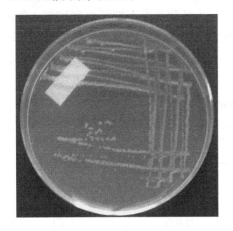 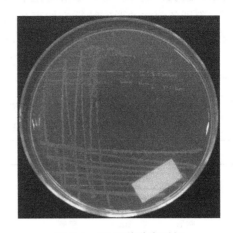

图 2-3　N35 画线分离平板　　　　图 2-4　F3 画线分离平板

Fig. 2-3　Crossed separation tablet of N35　　　Fig. 2-4　Crossed separation tablet of F3

（3）革兰氏染色图片

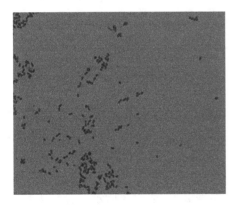 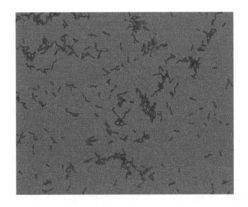

图 2-5　F1 革兰氏染色（G-）　　　图 2-6　N34 革兰氏染色（G-）

Fig. 2-5　Gram stain of F1　　　　Fig. 2-6　Gram stain of N34

2.3　耐盐除碳脱氮菌的鉴定

以生物接触氧化法处理高盐废水培养驯化的成熟耐盐活性污泥作为菌源，从中一共分离纯化出耐盐有机物降解菌 13 株、耐盐反硝化菌 7 株，经过考察其耐盐性能（见 2.4）及脱氮性能（见 3.1）筛选出高效菌株进行鉴定。本研究针对筛选出的耐盐有机物降解菌 N34、N35、N39、N40 和耐盐反硝化菌 F1、F3、F5、F10，从其形态特征、生理生化特性及 16SrRNA 序列测序进行分析鉴定。

2.3.1　形态特征

通过肉眼观察菌落的质地，如表面光滑、湿润、干燥、皱褶等；菌落的边缘，如整齐、缺刻、波状、裂叶状等；菌落的光学特性，如透明、半透明、不透明等；以及菌落的颜色等，判别各菌株的形态特征，如表 2-1 所示，为各菌落形态特征观察结果。各菌的菌落均为圆形，直径大小为 1～2mm、2～3mm 不等，硝化细菌的菌落个体更小，边缘表面隆起，透明度，黏度特征较统一，分别为整齐、规则、光滑，中间微凸，半透明，具有黏性，菌落颜色为乳白色或浅黄色。

菌落形态特征   表 2-1
The morphological characteristics of the colonies   Table 2-1

菌株	形状	大小	边缘	表面	隆起	透明度	黏度	颜色
N34	圆形	2～3mm	整齐	光滑	中间微凸	半透明	有黏性	乳白色
N35	圆形	2～3mm	整齐	光滑	中间微凸	半透明	有黏性	乳白色
N39	圆形	2～3mm	整齐	光滑	中间微凸	半透明	有黏性	乳白色
N40	圆形	2～3mm	整齐	光滑	中间微凸	半透明	有黏性	乳白色
F1	圆形	1～2mm	整齐	光滑	中间微凸	半透明	有黏性	乳白色
F3	圆形	2～3mm	整齐	光滑	中间微凸	半透明	有黏性	乳白色
F5	圆形	2～3mm	整齐	光滑	中间微凸	半透明	有黏性	乳白色
F10	圆形	2～3mm	整齐	光滑	中间微凸	半透明	有黏性	乳白色

2.3.2 生理生化鉴定

由于各种细菌具有不同的新陈代谢类型，故其对不同物质利用后所产生的代谢产物也各有差异，人们常用生理生化反应来鉴别在形态或其他方面不易区别的微生物，因此，细菌的生理生化反应是细菌分类鉴定的重要依据之一，故本研究也从碳源利用、氧化酶、接触酶、甲基红、V-P 测定、吲哚、明胶液化、硝酸盐还原、亚硝酸盐还原、淀粉水解、反硝化反应等方面，考察了各菌的生理生化反应。如表 2-2、表 2-3 所示，分别为耐盐菌、耐盐反硝化菌的生理生化试验结果。

耐盐菌生理生化试验结果   表 2-2
Physiological and biochemical test results of salt-tolerant organic degrading strains   Table 2-2

菌株	N34	N35	N39	N40
葡萄糖	+	+	+	+
蔗糖	+	+	+	+
甘露醇	+	+	+	+
柠檬酸盐	−	−	−	−
氧化酶	+	+	+	+
接触酶	+	+	+	+
葡萄糖氧化发酵	+	+	+	+
甲基红	−	−	−	−
V-P	−	−	−	−

菌株	N34	N35	N39	N40
淀粉水解	+	+	+	+
硝酸盐还原	+	+	+	+
亚硝酸还原	−	−	−	−
反硝化	+	+	+	+
吲哚	+	+	+	−
明胶液化	−	−	+	+

注：1)"+"表示阳性；2)"−"表示阴性。

耐盐反硝化菌的生理生化试验结果　　　　　　　　　　　　　　　　表 2-3

Physiological and biochemical test results of salt-tolerant denitrifying strains　Table 2-3

菌株	F1	F3	F5	F10
葡萄糖	+	+	+	+
蔗糖	+	+	+	+
甘露醇	+	+	+	+
柠檬酸盐	−	−	−	−
氧化酶	+	+	+	+
接触酶	+	+	+	+
葡萄糖氧化发酵	+	+	+	+
甲基红	−	−	−	−
V-P	−	−	−	−
淀粉水解	+	+	+	+
硝酸盐还原	+	+	+	+
亚硝酸还原	−	−	−	−
反硝化	+	+	+	+
吲哚	+	+	−	−
明胶液化	−	−	−	−

注：1)"+"表示阳性；2)"−"表示阴性。

2.3.3　生理生化试验所用试剂及培养基

（1）碳源利用试验

培养基：$(NH_4)_2SO_4$ 2.0g，$MgSO_4 \cdot 7H_2O$ 0.2g，$NaH_2PO_4 \cdot H_2O$ 0.5g，$CaCl_2 \cdot 2H_2O$ 0.1g，K_2HPO_4 0.5g 蒸馏水 1000mL。测试碳源分别为葡萄糖、蔗糖、甘露醇，底物要求过滤灭菌，终浓度为 0.5%～1%。

（2）氧化酶试验

试剂：四甲基对苯撑二胺 1% 水溶液于茶色瓶中在冰箱中保存。

（3）接触酶试验

试剂：3%～10% 过氧化氢。

（4）葡萄糖氧化发酵试验

培养基：蛋白胨 2g，NaCl 5g，K_2HPO_4 0.2g，葡萄糖 10.0g，琼脂 6.0g，溴百里酚蓝，1％水溶液 3mL（先用少量 95％乙醇溶解后，再加水配成 1％的水溶液）蒸馏水 1000mL，pH 7.0～7.2，分装试管，培养基高度约为 4.5cm，115℃蒸汽灭菌 20min。

（5）甲基红（M. R）试验

培养基：蛋白胨 5g，葡萄糖 5g，K_2HPO_4（或 NaCl）5g，水 1000mL，pH 7.0～7.2，每管分装 4～5mL，115℃灭菌 30min。

（6）V-P 测定试验

培养基：与甲基红相同。

试剂：肌酸 0.3％或原粉，NaOH 40％。

（7）淀粉水解试验

培养基：在肉汁胨中加 0.2％可溶性淀粉，分装三角瓶，121℃蒸汽灭菌 20min，倒平板备用。

试剂：卢哥氏碘液（与革兰氏染色中的碘液相同）。

（8）硝酸盐还原试验

培养基：肉汁胨培养基 1000mL，KNO_3 1g，pH7.0～7.6。每管分装 4～5mL，121℃蒸气灭菌 15～20min。

试剂：格里斯氏试剂 A 液：对氨基苯磺酸 0.5g，稀醋酸（10％左右）150mL；B 液：α-萘胺 0.1g，蒸馏水 20mL，稀醋酸（10％左右）150mL。二苯胺试剂：二苯胺 0.5g 溶于 100mL 浓硫酸中，用 20mL 蒸馏水稀释。

（9）亚硝酸盐还原试验

培养基：牛肉膏 10g，蛋白胨 5g，$NaNO_2$ 1g，蒸馏水 1000mL，pH 7.3～7.4，分装试管，121℃灭菌 15min。

试剂：格里斯氏试剂 A 液：对氨基苯磺酸 0.5g，稀醋酸（10％左右）150mL；B 液：α-萘胺 0.1g，蒸馏水 20mL，稀醋酸（10％左右）150mL。二苯胺试剂：二苯胺 0.5g 溶于 100mL 浓硫酸中，用 20mL 蒸馏水稀释。

（10）反硝化试验

培养基：普通肉汁胨培养液 100mL，KNO_3 1g，调 pH 7.2～7.4，分装试管，每管培养基高度约为 5cm，121℃灭菌 30min。

（11）吲哚试验

培养基：1％胰胨水溶液；调 pH 7.2～7.6，分装 1/3～1/4 试管，115℃蒸汽灭菌 30min。

试剂：对二甲基氨基苯甲醛 8g，乙醇（95％）760mL，浓 HCl 160mL。

（12）明胶液化试验

培养基：蛋白胨 5g，明胶 100～150g，水 1000mL。pH 7.2～7.4，分装试管，培养基高度为 4～5cm，间歇灭菌或 115℃蒸汽灭菌 20min。

（13）柠檬酸盐利用试验

培养基：NaCl 5.0g，$MgSO_4 \cdot 7H_2O$ 0.2g，$(NH_4)_2H_2PO_4$ 1.0g，$K_2HPO_4 \cdot 3H_2O$ 1.0g，柠檬酸钠 2.0g，溴百里酚蓝 1％水溶液 10mL，水洗琼脂 12.0g，蒸馏水 990mL。

将以上成分除指示剂外加热溶解，调 pH 为 7.0 并加入指示剂。分装试管，培养基量以能摆高低柱斜面为宜。121℃蒸汽灭菌 15min，并摆成高低柱斜面。

2.3.4　16Sr RNA 的序列分析

针对细菌系统分类学的研究中，最有用的和最常用的分子钟是 rRNA，因为其种类少，含量大（约占细菌 RNA 含量的 80%），且分子大小适中又存在于所有的生物中，特别是因其进化具有良好的时钟性质，所以在结构与功能上具有高度的保守性，素称之为"细菌化石"。16SrRNA 作为原核生物核糖体中一种核糖体 RNA，由于 16S rRNA 基因所含的信息比 5SrRNA 基因序列多且长度适中，又不像 23S rRNA 基因序列很长而不易全序列测定，因此，16SrRNA 基因在细菌分类研究中成为最常用的选用区段。本研究针对 8 株优势耐盐菌株，测定 16SrRNA 基因序列。菌株 N34 的 16S rRNA 序列（1432 bp）如图 2-7 所示：

```
ACCACTACACCGTGGTGATCGCCCTCTTGCGTTAGGCTAACCACTTCTGGTGCAGTC
CACTCCCATGGTGTGACGGGCGGTGTGTACAAGGCCCGGGAACGTATTCACCGTGA
CATTCTGATTCACGATTACTAGCGATTCCGACTTCACGGAGTCGAGTTGCAGACTCC
GATCCGGACTGAGACCGGCTTTAAGGGATTCGCTGACTCTCGCGAGCTCGCAGCCCT
TTGTACCGGCCATTGTAGCACGTGTGTAGCCCTACCCGTAAGGGCCATGATGACTTG
ACGTCGTCCCCACCTTCCTCCGGTTTGTCACCGGCAGTCTCCTTAGAGTTCCCGACAT
TACTCGCTGGCAAATAAGGACAAGGGTTGCGCTCGTTACGGGACTTAACCCAACATT
TCACAACACGAGCTGACGACAGCCATGCAGCACCTGTCTTACAGTTCCCGAAGGCA
CACCAGAATCTCTTCCGGCTTCTGTAGATGTCAAGGGTAGGTAAGGTTCTTCGCGTT
GCATCGAATTAAACCACATGCTCCACCGCTTGTGCGGGCCCCCGTCAATTCATTTGA
GTTTTAACCTTGCGGCCGTACTcCCCCAGGCGGTCGACTTATCGCGTTAACTTCGCCA
CAAAGTGCTCTAGGCACCCAACGGCTGGTCGACATCGTTTACGGCGTGGACTACCA
GGGTATCTAATCCTGTTTGCTACCCACGCTTTCGCACCTCAGTGTCAGTGTCAGTCCA
GAAGGCCGCCTTCGCCACTGGTATTCCTCCCGATCTCTACGCATTTCACCGCTACAC
CGGGAATTCTACCTTCCTCTCCTGCACTCTAGCCTGACAGTTCCGGATGCCGTTCCCA
GGTTGAGCCCGGGGCTTTCACAACCGGCTTATCAAGCCACCTACGCGCGCTTTACGC
CCAGTAATTCCGATTAACGCTTGCACCCTCCGTATTACCGCGGCTGCTGGCACGGAG
TTAGCCGGTGCTTCTTCTGCGAGTGATGTCTTTCCTACCGGGTATTAACCGATAGGC
GTTCTTCCTCGCTGAAAGTGCTTTACAACCCGAGGGCCTTCTTCACACACGCGGCAT
GGCTGGATCAGGGTTGCCCCCATTGTCCAATATTCCCCACTGCTGCCTCCCGTAGGA
GTTCGGGCCGTGTCTCAGTCCCGATGTGGCTGATCATCCTCTCAGACCAGCTACGGA
TCGTTGCCTTGGTAAGCCATTACCTTACCAACTAGCTAATCCGACATAGGCTCATCC
AATAGCGGGAGCCGAAGCCCCTTTCTCCCGTAGGACGTATGCGGTATTAGCTGGG
TTTCCCCAGGTTATCCCCCACTATCGGGCAGATTCCTATGCATTACTCACCCGTCCGC
CGCTCGTCAGCGGGTAGCAAGCTACCCCTGTTACCGCTCGACTGCATGTGTAGCGCG
TACCC
```

图 2-7　菌株 N34 的 16S rRNA 序列（1432 bp）
Fig. 2-7　16S r RNA sequence of strain N34

2.4　耐盐菌的筛选

以高效运行的生物接触氧化工艺培养驯化的成熟耐盐活性污泥为菌源，采用平板涂布稀释分离法与平板画线分离法，分离纯化出13株耐盐菌，对该13株生长良好的耐盐菌进行复筛，考察在3%（Cl⁻浓度为20000mg/L）、7%（Cl⁻浓度为50000mg/L）、12%（Cl⁻浓度为80000mg/L）不同盐度下细菌的生物生长量（OD_{600}）。取各菌生长对数期菌液，按2%的接种量，将各菌分别接入盛有3%、7%、12%盐度的耐盐菌液体培养基的三角瓶中，置于恒温振荡培养箱中，控制温度为30℃，转速为125r/min。在该条件下培养3天后，通过测定接种前后的菌体的生长量（OD_{600}）来判断各菌的耐盐能力。由图2-8可以看出，各菌均在3%盐度下可以获得OD_{600}大于1.5的生长量，菌株N07、N11在7%盐度下的生长量与3%盐度下生长量相差无几，甚至略高，OD_{600}接近2.0，菌株N01、N07、N11、N18、N23、N25、N30、N33、N34在12%盐度下的生长量OD_{600}不足0.25，而N34、N35、N39、N40四株菌在3%、7%、12%的盐度下都能良好生长，获得较大的生长量OD_{600}且均大于1.5，该四株菌耐盐性能更好，能够在高盐度冲击负荷下，获得较大的菌体生长量，因此筛选出这四株菌作为目标优势菌株进行深入研究。

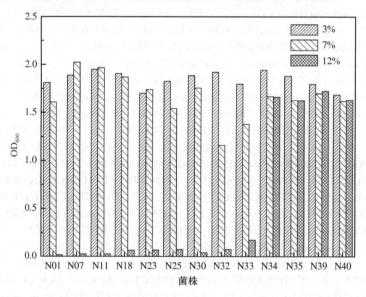

图2-8　13株耐盐菌在不同盐度下的生物量（OD_{600}）

Fig.2-8　Salt tolerance of 13 organic degrading strains

2.5　耐盐菌的生长特性

取N34、N35、N39、N40生长对数期菌液，按2%的接种量，将各菌分别接入盛有3%（Cl⁻浓度为20000mg/L）、7%（Cl⁻浓度为50000mg/L）、12%（Cl⁻浓度为80000mg/L）盐度的肉汤培养基的三角瓶中，置于恒温振荡培养箱中，控制温度为30℃，转速为125r/min，每6h取菌液测定细菌浊度，绘制4株耐盐菌的生长曲线，了解其生长特性。

由图2-9可以看出，菌株N34在3%和7%盐度条件下，接种后能够快速进入对数生长期，并且在培养至30h时，菌体的生长量OD_{600}十分接近，为1.36左右。从培养的36h

起，菌株生长速度减慢，进入菌体生长的稳定期，并在培养至 60h 时，菌体的生长量 OD_{600} 分别从 0.232、0.209 增至 1.845 和 1.726。而在 12％盐度条件下，菌株 N34 需要历经大约 6h 的延滞期，才能进入细菌的对数生长期；并且，在 60h 的培养过程中菌体能够良好生长，但是与在 3％盐度和 7％盐度条件下相比，菌体的生长量 OD_{600} 稍低一些。

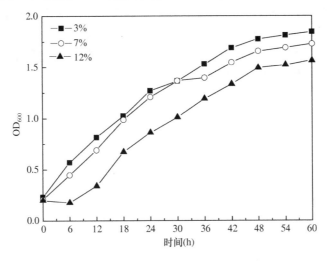

图 2-9 N34 在不同盐度下的生长曲线

Fig. 2-9 Growth curves of N34 under different salinity

如图 2-10 所示，菌株 N35 在 3％和 7％盐度条件下，生长情况十分相似，接种后迅速进入对数生长期，培养 12h 到 36h，7％盐度下菌体的 OD_{600} 略低于 3％盐度，但培养 36h 后该菌在 7％盐度下的 OD_{60} 超过 3％盐度，即在 7％盐度下，菌体的生长量 OD_{600} 从 0.237 增至 1.726，而在 3％盐度下，菌体的生长量 OD_{600} 从 0.214 增至 1.662。在 12％盐度条件下，接种后经过 6h 的延滞期才能进入对数生长期，培养至 36h 后，菌体的生长趋于平缓，进入菌体的稳定生长期，菌株生长良好，OD_{600} 从 0.265 提高到 1.482。

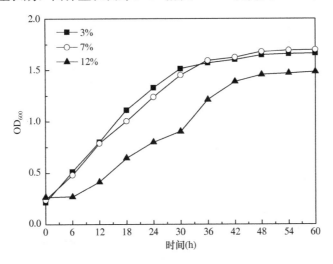

图 2-10 N35 在不同盐度下的生长曲线

Fig. 2-10 Growth curves of N35 under different salinity

如图 2-11 所示，菌株 N39 在 3％、7％、12％盐度条件下，随着盐度逐渐升高菌体生长量 OD_{600} 略有降低的趋势，但是在培养 60h 后，仍旧可以获得 OD_{600} 大于 1.4 的菌体生长量。在 3％盐度下，菌株能够快速进入对数生长期，培养至 36h 后，菌株放缓生长，进入细菌的稳定生长期，培养至 60h 时，菌株的生长量 OD_{600} 从 0.258 增至 1.754；在 7％盐度下，菌株同样能够较快地进入对数生长期，培养至 48h，菌体生长量 OD_{600} 趋于稳定，培养至 60h 时，菌株的生长量 OD_{600} 从 0.211 增长至 1.69；在 12％盐度下，由于盐度的提高，菌株在 6h 的延滞期后才进入对数生长期，但在 60h 的培养过程中，菌株仍可以生长良好，OD_{600} 从 0.216 增长至 1.482。

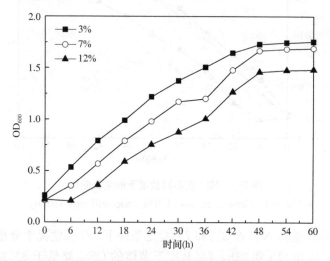

图 2-11 N39 在不同盐度下的生长曲线

Fig. 2-11 Growth curves of N39 under different salinity

如图 2-12 所示，菌株 N40 在 3％和 7％盐度环境中，接种后能够快速进入对数生长期培养至约 15h 后，菌株在 7％盐度下的菌体生长量 OD_{600} 更高，培养至 36h 后，菌株生长

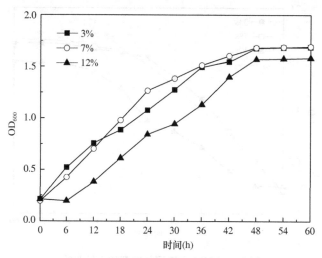

图 2-12 N40 在不同盐度下的生长曲线

Fig. 2-12 Growth curves of N40 under different salinity

速度减慢，进入细菌生长的稳定期，培养至 60h 后，3% 和 7% 盐度下，菌体生长量 OD_{600} 分别从 0.211、0.195 增至 1.688 和 1.692；在 12% 盐度下，也同样需要 6h 左右的延滞期，才能够进入细菌的对数生长期，在该盐度下，菌体生长良好，培养至 48h，进入细菌生长的稳定期，培养至 60h 后，菌体生长量 OD_{600} 从 0.211 增长至 1.581。

2.6　耐盐菌的 COD 降解能力

在 3%、7%、12% 不同盐度下，将筛选得到的耐盐菌 N34、N35、N39、N40 分别以 2% 的接种量加入到耐盐菌培养液中，置于恒温振荡培养箱，控制在 30℃，125r/min 条件下经过 60h 的培养，测定各菌降解 COD 的效率和 OD_{600}。

由图 2-13 可以看出，这 4 株菌在 3%、7% 盐度下，COD 的去除率均大于 80%，菌株 N34 在 3% 盐度下，COD 的去除率达到最高，为 85.12%。在 12% 盐度下，这 4 株菌的 COD 去除率下降，为 75%~80% 范围内。且发现细菌的生物量 OD_{600} 越大，菌株 COD 的去除率越高，由此可见，细菌在生长过程中会消耗碳源达到降低 COD 的效果。菌株 N34、N35、N39、N40 在 3%、7%、12% 不同盐度下均表现出很好的生长性能，生物生长量 OD_{600} 均大于 1.2，且在 3 种盐度梯度下，COD 的去除率均大于 75%，故这 4 株菌可以在高盐度负荷环境下，获得大量生物量，高效去除有机污染物。

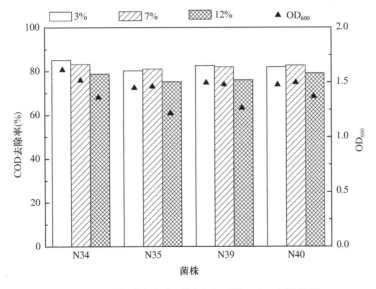

图 2-13　4 株耐盐菌在不同盐度下的 COD 去除效果

Fig. 2-13　COD removal efficiency of organic degradation bacteria in different salinity

2.7　小结

本章以处理高盐废水的生物接触氧化工艺中培养驯化的耐盐活性污泥作为菌源，通过多次反复富集培养后，结合平板涂布分离法与平板画线纯化法，分离鉴定高盐废水优势菌株。经筛选，重点考察了 4 株优势耐盐菌 N34、N35、N39、N40，在 3% 盐度（Cl^- 浓度为 20000mg/L)、7％盐度（Cl⁻浓度为 50000mg/L)、12％盐度（Cl⁻浓度为 80000mg/L)下的生长特性和有机物降解性能，获得如下结论：

（1）分离纯化出的 4 株耐盐菌、4 株耐盐反硝化菌，菌落形态为圆形、乳白色、半透明、中间微凸、边缘整齐、具有黏性、表面光滑，菌株革兰氏染色为阴性，耐盐菌为短杆。

（2）菌株能够利用葡萄糖、蔗糖、甘露醇、氧化酶接触酶、淀粉水解、硝酸盐还原、反硝化、吲哚反应为阳性，柠檬酸盐、甲基红、V-P、亚硝酸盐还原为阴性，明胶液化反应多为阴性。

（3）结合菌株形态特征、生理生化试验、菌株 16S rRNA 序列分析，鉴定 4 株耐盐菌和 4 株耐盐反硝化菌为盐单胞菌属（Halomonas sp.）。提交 GenBank 后，获得各耐盐菌 N34、N35、N39、N40 的登录号，分别为 JQ946061、JQ946062、JQ946063、JQ946064；各耐盐反硝化菌 F1、F3、F5、F10 的登录号分别为 JQ946057、JQ946058、JQ946059、JQ946060。

（4）菌株 N34、N35、N39、N40 在 3％、7％、12％盐度下均能良好生长，获得较高的生物生长量。四株菌在 3％盐度和 7％盐度下接种后不受盐度的影响可迅速进入对数生长期，而在 12％盐度下，一般经过 6h 的延滞期才能进入对数生长期。

（5）耐盐菌 N34、N35、N39、N40 在 3％～12％盐度范围内，在获得大量生物量的同时，COD 去除率均可以达到 75％以上，菌株 N34 COD 去除率最高可达 85.12％。

第3章 耐盐反硝化菌的特性及影响因素研究

在高盐废水的生物处理过程中，外界环境的变化会导致微生物的酶活性发生变化，从而影响处理效果。为了进一步了解分离纯化得到的耐盐反硝化菌的生长特性及脱氮性能，满足细菌生长的需求，获得更多的生物量，使耐盐反硝化菌株能够在适宜的环境下保持高效的脱氮能力，本章主要对耐盐反硝化菌的生长特性和反硝化特性、进行异养硝化的可能性进行了研究。为了进一步了解优选得到的耐盐反硝化菌的反硝化性能，提高其处理高氯硝酸氮废水的效果，对可能影响反硝化菌脱氮效率的非生物因子碳源、盐度、pH、温度对耐盐反硝化菌F1、F10脱氮性能的影响进行了研究，并根据上述单因素对菌株F10脱氮效果的影响，采用了响应曲面分析法探索盐度、pH和温度三个因素对菌株F10的交互影响。

3.1 高效耐盐反硝化菌的筛选

采用平板涂布稀释分离与平板画线纯化法相结合，从以生物接触氧化工艺处理高氯废水培养驯化的成熟耐盐活性污泥作为菌源，分离纯化出7株反硝化菌，以脱氮率作为筛选指标，筛选高效耐盐反硝化菌株。脱氮率按公式（3-1）计算。

$$脱氮率 = \frac{(A+B)-(C+D)}{A+B} \times 100\% \tag{3-1}$$

式中　A——水样初始的硝态氮浓度，mg/L；

　　　B——水样初始的亚硝态氮浓度，mg/L；

　　　C——反硝化后的硝态氮浓度，mg/L；

　　　D——反硝化后的亚硝态氮浓度，mg/L。

对数生长期，菌株生长旺盛，故取对数生长期的菌液，按2%的接种量，将7株菌分别接种到盛有200mL反硝化基础培养基的三角瓶中，置于恒温振荡培养箱中，控制温度为30℃、转速为125r/min，在该条件下培养48h，检测水样初始和反硝化结束时的NO_2^--N和NO_3^--N浓度含量，根据公式（3-1）计算脱氮率，鉴别各株菌的反硝化能力。由表3-1可以看出，耐盐反硝化菌株F2、F4、F6的脱氮率都不足50%，会积累大量的NO_2^--N，但是都能够较好地降解NO_3^--N，将NO_3^--N转化为NO_2^--N，或转化为气体；而耐盐反硝化菌株F1、F3、F5、F10脱氮率都达到95%~98%，能够高效去除NO_3^--N。因此，选择脱氮效率高的4株菌F1、F3、F5、F10进行进一步研究，考察它们的生长特性及脱氮特性。

菌株	初始 NO_3^--N (mg/L)	初始 NO_2^--N (mg/L)	结束 NO_3^--N (mg/L)	结束 NO_2^--N (mg/L)	脱氮率 (%)
F1	293.952	6.497	12.064	0.188	95.9
F2	302.048	7.352	2.496	181.776	40.4
F3	288.800	9.234	6.176	1.989	97.3
F4	263.776	7.409	12.064	186.340	26.8
F5	279.968	11.972	10.592	0.310	96.3
F6	279.232	13.493	34.144	181.776	26.2
F10	268.928	10.755	10.592	0.218	96.1

7 株反硝化菌的脱氮率 表 3-1
Denitrification rate of 7 denitrifying strains Table 3-1

3.2 四株耐盐反硝化菌的生长特性及脱氮特性

3.2.1 四株耐盐反硝化菌的生长特性

以硝酸钾为唯一氮源，取对数生长期的菌液按 2% 的接种量接种于装有 200mL 反硝化基础培养液（Cl^- 浓度为 20000mg/L）的三角瓶中，置于恒温振荡培养箱中，控制在 30℃、125r/min 条件下培养，定时取培养液测定 OD_{600}，绘制菌株在反硝化基础培养基中的生长曲线，了解其生长特性。

如图 3-1 所示，4 株耐盐反硝化菌均经过大约 6h 的迟缓期之后，才进入了菌体的对数生长期，菌株 F5、F10 在培养至 24h 时，菌浊达到最大值分别为 1.227、0.868；菌株

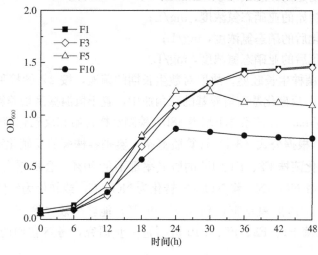

图 3-1 四株耐盐反硝化菌在反硝化基础培养基中的生长曲线
Fig. 3-1 Four salt-tolerant denitrifying strains growth curve in the denitrification basal medium

F1、F3 在培养至 36h 时，菌浊达到最大值分别为 1.426、1.395，随后各菌分别进入细菌生长的稳定期。

以氯化铵为唯一氮源，取对数期的菌液按 2% 的接种量接种于装有 200mL 异养硝化测试培养液的三角瓶中，置于恒温振荡培养箱中，控制在 30℃、125r/min 条件下培养，定时取培养液测定 OD_{600}，绘制菌株在异养硝化培养基中的生长曲线。

如图 3-2 所示，4 株菌经过约 12h 的迟缓期，才开始进入对数生长期；48h 后，OD_{600} 分别达到 1.665、1.382、1.613、1.598，进入稳定期，培养后期 OD_{600} 分别达到 2.038、1.882、1.97、1.871。4 株反硝化菌在异养硝化培养基中的延滞期比在反硝化基础培养基中长，在异养硝化培养基中的生长需要一定的适应时间。

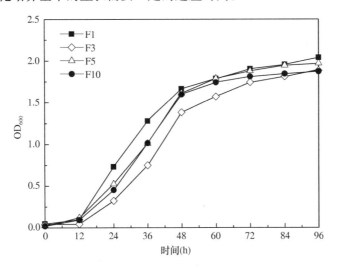

图 3-2　四株反硝化菌在异养硝化培养基中的生长曲线

Fig. 3-2　Four salt-tolerant denitrifying strains growth curve in the heterotrophic nitrification medium

3.2.2　四株耐盐反硝化菌的反硝化能力

以硝酸钾为氮源，取对数期的菌液按 2% 的接种量接种于装有 200mL 反硝化基础培养液（Cl^- 浓度为 20000mg/L）的三角瓶中，置于恒温振荡培养箱中在 30℃、125r/min 条件下培养，定时取培养液测定 $NO_2^- $-N 和 $NO_3^- $-N。

如图 3-3 所示，F1 菌培养 48h 后，可将 $NO_3^- $-N 从 250.96mg/L 完全降解至检出限，在整个培养过程中，出现了明显的 $NO_2^- $-N 积累。在第 24h 的时候 $NO_2^- $-N 积累量达到 190.76mg/L，随后 $NO_2^- $-N 含量逐渐降低，最后降至 2.65mg/L。经过 48h 的培养，脱氮率达到 98.94%。由图 3-3 可知，$NO_3^- $-N 降解发生在细菌的对数生长期，而 $NO_2^- $-N 的积累发生在细菌的稳定生长期。

如图 3-4 所示，F3 菌在培养 48h 时，将 $NO_3^- $-N 浓度从 236.54mg/L 降至 4.368mg/L，在整个培养过程中，出现了明显的 $NO_2^- $-N 积累。在第 24h 时，$NO_2^- $-N 积累量最多，达到 195.23mg/L；而后，$NO_2^- $-N 含量逐渐降低，最后降到 5.20mg/L。经过 48h 的培养，脱氮率达到 95.96%。反硝化作用主要发生在细菌的对数生长期。

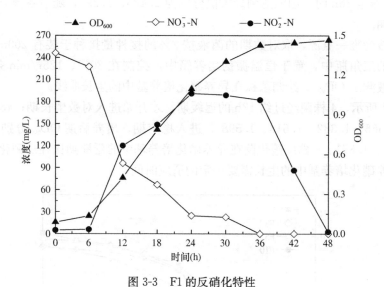

图 3-3　F1 的反硝化特性

Fig. 3-3　Denitrification characteristics of F1

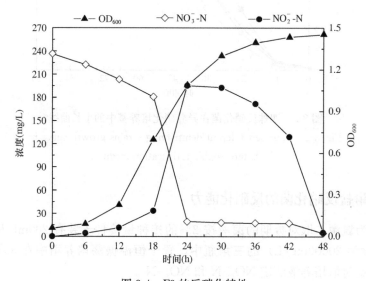

图 3-4　F3 的反硝化特性

Fig. 3-4　Denitrification characteristics of F3

如图 3-5 所示，F5 菌在降解 NO_3^--N 的过程中，无 NO_2^--N 积累，且还可以看出 NO_3^--N 的去除主要发生在细菌的对数生长期。经过 36h 的培养，NO_3^--N 浓度已经从 243.168mg/L 完全降解至检出限。在培养至 36h 的时候，脱氮率已经达到 99.16%。

如图 3-6 所示，F10 菌同 F5 菌一样，在 NO_3^--N 的降解过程中，没有 NO_2^--N 的积累；而且，NO_3^--N 的降解发生在细菌的对数生长期。经过 36h 的培养，NO_3^--N 浓度已经从 252mg/L 完全降解至检出限。在培养至 36h 的时候，脱氮率已经达到 99.68%。

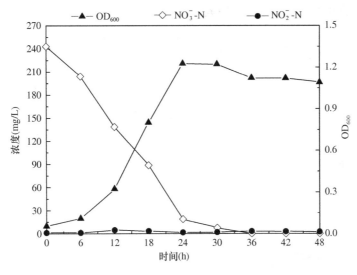

图 3-5　F5 的反硝化特性

Fig. 3-5　Denitrification characteristics of F5

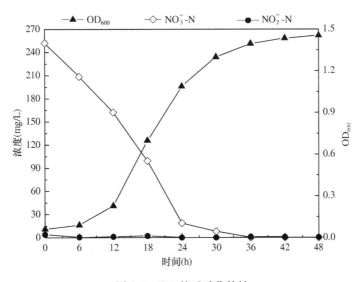

图 3-6　F10 的反硝化特性

Fig. 3-6　Denitrification characteristics of F10

3.2.3　四株耐盐反硝化菌的异养硝化性能

研究发现，一些好氧反硝化菌同时具有异养硝化效果，因此进一步考察筛选出的耐盐反硝化菌的异养硝化情况。以氯化铵为唯一氮源，取对数期的菌液按 2% 的接种量接种于装有 200mL 异养硝化培养液的三角瓶中，置于恒温振荡培养箱中在 30℃、125r/min 条件下培养，定时取培养液测定 NH_3^--N 和 NO_2^--N。

如图 3-7 所示，在以氯化铵为唯一氮源的异养硝化培养基中，菌株 F1 经过 96h 的培养，氨氮去除率达到 70.03%，研究发现 NH_3^--N 的降解主要发生在细菌的稳定生长期。

而且，在降解过程中没有 $NO_2^- \text{-N}$ 的积累。

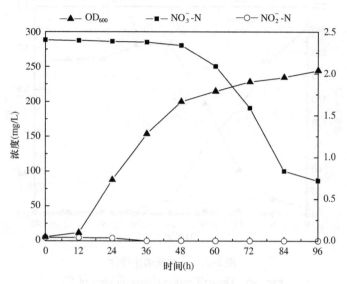

图 3-7　F1 的异养硝化特性

Fig. 3-7　Heterotrophic nitrification characteristics of F1

如图 3-8 所示，在以氯化铵为唯一氮源的异养硝化培养基中，在菌株 F3 生长的前48h，$NH_3^- \text{-N}$ 只有微弱的降解。从 48h 后，$NH_3^- \text{-N}$ 开始大量降解。此时，为细菌生长的稳定期。经过 96h 的培养，氨氮去除率为 72.06%，并且在降解过程中无 $NO_2^- \text{-N}$ 积累。

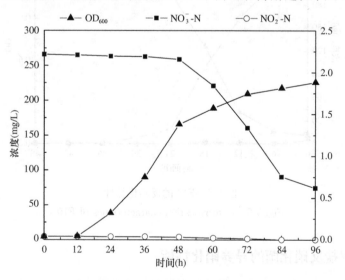

图 3-8　F3 的异养硝化特性

Fig. 3-8　Heterotrophic nitrification characteristics of F3

如图 3-9 所示，菌株 F5 对 $NH_3^- \text{-N}$ 也有降解作用，$NH_3^- \text{-N}$ 浓度显著降低发生在细菌的稳定生长期，且在细菌降解 $NH_3^- \text{-N}$ 的整个过程中，未见 $NO_2^- \text{-N}$ 的积累。菌株经过96h 的培养，$NH_3^- \text{-N}$ 的去除率达到 75.12%。

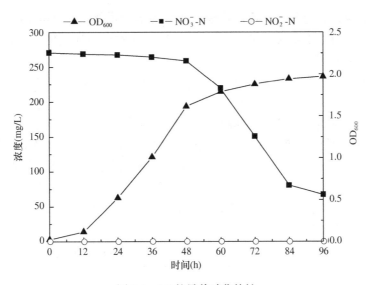

图 3-9　F5 的异养硝化特性

Fig. 3-9　Heterotrophic nitrification characteristics of F5

如图 3-10 所示，菌株 F10 同 F1、F3、F5 一样在菌株生长的前 48h，即细菌的对数生长期，NH_3^--N 的浓度只有微弱下降趋势，从培养的第 48h 到 96h 进入细菌生长的稳定期，NH_3^--N 大量降解。而且，在降解过程中无 NO_2^--N 的积累。经过 96h 的培养，菌株 F10 的 NH_3^--N 去除率达到 75.22%。

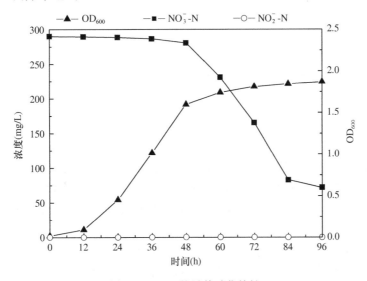

图 3-10　F10 的异养硝化特性

Fig. 3-10　Heterotrophic nitrification characteristics of F10

3.3　碳源对脱氮性能的影响

碳源是构成细胞组分和代谢物中碳素的来源，是微生物生命活动能量的主要来源。研究表明，在生物反硝化过程中，反硝化菌以碳源为电子供体，以 $NO_3^- $-N 和 $NO_2^- $-N 为电子受体，从而将 $NO_3^- $-N 和 $NO_2^- $-N 还原，而达到降解有机物的效果。可见，碳源是影响反硝化效果的重要因素。

在初始硝酸氮浓度为 270mg/L 左右、分别以葡萄糖、蔗糖、甘露醇、柠檬酸钠、乙酸钠为唯一碳源，使碳氮比（摩尔比）为 6、NaCl 浓度 30g/L，分别接种 F1、F10 后在 30℃、125r/min 振荡培养 48h，取样测定培养液中剩余 $NO_3^- $-N 和 $NO_2^- $-N。

由图 3-11 可以看出，菌株 F1 以葡萄糖和乙酸钠为碳源时，反硝化效最好，脱氮率相差不多，分别达到了 96.18% 和 95.06%；以蔗糖、甘露醇为碳源时，反硝化效果也不错，达到 80% 以上；以柠檬酸钠为唯一碳源时，脱氮率较低，培养液中有大量硝酸盐氮积累，反硝化效果不好。可见菌株 F1 可利用葡萄糖、乙酸钠、蔗糖、甘露醇为碳源且脱氮率较高，以葡萄糖为碳源时脱氮率最高，为最佳碳源。

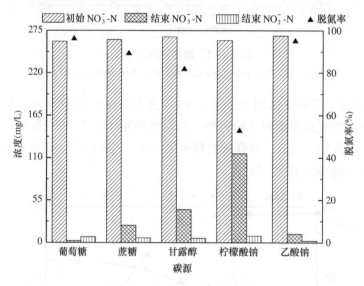

图 3-11　碳源对 F1 脱氮的影响

Fig. 3-11　Carbon sources on the denitrification performance of F1

由图 3-12 可以看出，菌株 F10 以乙酸钠为碳源时，反硝化效果最好，脱氮率达到了 92.71%；而以柠檬酸钠为碳源时，反硝化效果最差，脱氮率仅为 48.10%；以甘露醇为碳源时，反硝化效果较好，达到 82.18%；以葡萄糖、蔗糖为碳源时，反硝化效果一般。

由图 3-13 可以看出，以葡萄糖、蔗糖为碳源，反硝化菌能够快速生长，分子式越简单的碳源越可以快速被菌株利用。菌株 F10 对碳源乙酸钠和甘露醇初期利用较慢，但培养至 18h 后即可快速增长，结合图 3-12 可知，48h 后可以达到较好的脱氮效果。而以柠檬酸钠为唯一碳源时，菌株生长趋势平缓，生长量很小，脱氮效果不佳。分析可知，菌株保持良好的生长状态是保障脱氮效果的关键，细菌以碳源作为生命活动的物质和能量基础进行生长，并以此为电子供体，降解含氮氧化物。

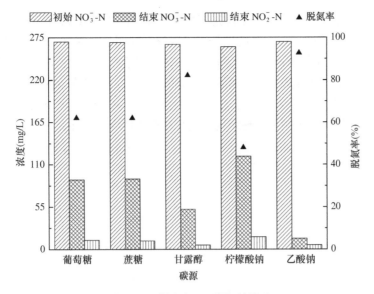

图 3-12　碳源对 F10 脱氮的影响

Fig. 3-12　Carbon sources on the denitrification performance of F10

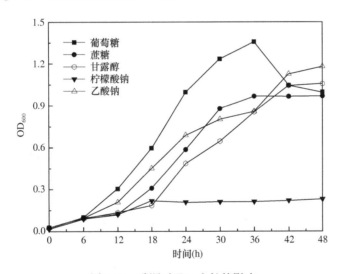

图 3-13　碳源对 F10 生长的影响

Fig. 3-13　Carbon sources on the effect of F10 growth

3.4　盐度对脱氮性能的影响

　　耐盐反硝化菌 F1、F10 是从处理高盐废水的成熟活性污泥中分离得到的，具有一定的耐盐性能，故考察盐度对耐盐反硝化菌 F1、F10 脱氮性能的影响。

　　在初始硝酸氮浓度为 270mg/L 左右、乙酸钠为唯一碳源、分别设定盐度（以 NaCl 计）为 0、3%、5%、7%、10%、13%，在 30℃、125r/min 恒温振荡培养，48h 后取样测定菌液中剩余 NO_3^--N 和 NO_2^--N 浓度。

　　由图 3-14 可以看出，48h 后菌株 F1 在盐度为 3%~10% 时，脱氮率均达到 90% 以上，在盐度为 3%、5%、7%、10%下的脱氮率分别为 96.17%、94.65%、97.57%、90.91%；盐度增长到 13%时，菌株只有少量的生长，脱氮率下降明显；盐度为 13%时，菌株的脱氮率仅为 13.38%。可见菌株 F1 能在盐度为 3%～10%的培养液中生长，并且在该盐度范围内具有良好的脱氮效果；盐度为 0 时，菌株的脱氮效果不佳，脱氮率仅为 49.74%。分析原因，可能是菌株 F1 在无盐环境下，硝酸盐还原酶活性受到影响，活性污泥经过长期的驯化，使得该菌株具有特殊的代谢机制和生理结构，适宜在高盐环境下生存。

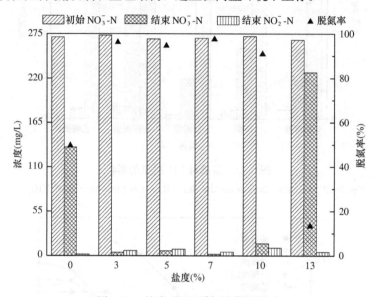

图 3-14 盐度对 F1 脱氮性能的影响

Fig. 3-14 Salinity on the denitrification performance of F1

结合图 3-15 与图 3-16 可知，盐度为 5%时菌株 F10 脱氮率最高，达到 95.26%，该盐度下菌体的生长量也达到最大。盐度为 0、10%、13%时未见反硝化效果；盐度为 3%

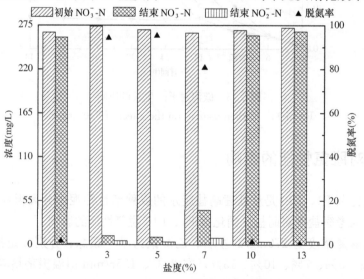

图 3-15 盐度对 F10 脱氮性能的影响

Fig. 3-15 Salinity on the denitrification performance of F10

和 7％时，菌株仍具有反硝化作用，48h 后脱氮率分别为 94.21％、80.63％，因此，菌株 F10 的适宜盐度范围是 3％～7％。在适宜盐度范围，既利于嗜盐反硝化菌的生长，也有利于其达到最佳的反硝化效果。

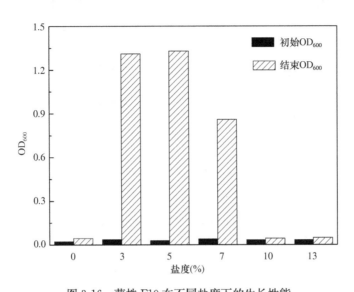

图 3-16　菌株 F10 在不同盐度下的生长性能

Fig. 3-16　Growth performance of strain F10 in different salinity

3.5　pH 对脱氮性能的影响

pH 除了对细胞有直接影响之外，还由于培养基中有机化合物的离子化作用，而对细胞有间接的影响，每种微生物都有其最适宜的 pH 范围。其他条件一定，在最适宜 pH 下，酶活力最大，反应速度最快，能发挥酶的最大催化效率。

在初始硝酸氮浓度为 270mg/L 左右、乙酸钠钠为唯一碳源、NaCl 浓度 30g/L、调节培养基的初始 pH 为 5～10（间隔 1 单位），接种后在 30℃、125r/min 摇床培养 2 天，取样测定菌株剩余 NO_3^--N 和 NO_2^--N。

由图 3-17 可知，pH 为 7、8 时，菌株 F1 的脱氮效果最佳，分别达到 93.94％、90.18％；pH 为 5、6、9、10 时，脱氮效果较差，脱氮率分别仅为 15.15％、19.69％、37.31％、12.49％，因此菌株的适宜 pH 在 7～8 范围内。两者的脱氮效率相差无几，但当超越这一适宜范围时，菌株的脱氮效率下降显著。

由图 3-18 可知，pH 对菌株 F10 的反硝化能力影响显著。菌株在 pH 为 8 时，菌株的反硝化效果最好，脱氮率为 95.54％；在 pH 为 7 时，脱氮效果也较强，脱氮率为 88.82％；在 pH 为 5、6、10 时，反硝化作用较弱，脱氮率分别只有 9.42％、32.72％、31.62，因此适宜的 pH 范围是 7～9。

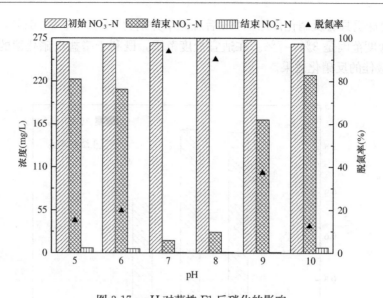

图 3-17　pH 对菌株 F1 反硝化的影响

Fig. 3-17　pH on the denitrification performance of strain F1

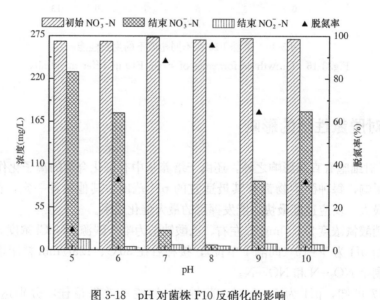

图 3-18　pH 对菌株 F10 反硝化的影响

Fig. 3-18　pH on the denitrification performance of strain F10

3.6　温度对脱氮性能的影响

　　温度是一个重要的生态因子，温度对生物个体的生长、繁殖等生理生化活动产生深刻的影响，是影响微生物存活的最重要因素之一，超过微生物的最高生长温度，会引起细胞成分发生不可逆的失活而导致死亡，微生物对低温的抵抗力一般较强，低温可以使一部分微生物死亡，大部分微生物在低温条件下只是新陈代谢活力降低，菌体处于休眠状态，目前试验室根据该原理保存菌种。温度在实际工程运行中也起着关键作用，因此，考察温度（20～40℃）对优选出的反硝化菌脱氮性能的影响。

初始硝酸氮浓度为 270mg/L 左右、乙酸钠为唯一碳源、NaCl 浓度 30g/L、30℃、125r/min、恒温振荡培养48h，然后取样测定菌株剩余 NO_3^--N 和 NO_2^--N，设定培养温度分别为 20℃、25℃、30℃、35℃、40℃，分别考察对菌株 F1、F10 脱氮率的影响。从图 3-19 可以看出，30℃时菌株 F1 的脱氮效率最高，达到 95.74%；35℃时脱氮率次之，为 92.57%；20℃、40℃时，培养液中有大量的硝酸氮，脱氮率分别仅为 35.83%、40.51%；温度为 25℃时脱氮率一般，为 69.15%。由此可见，菌株 F1 的适宜温度范围是 30～35℃。

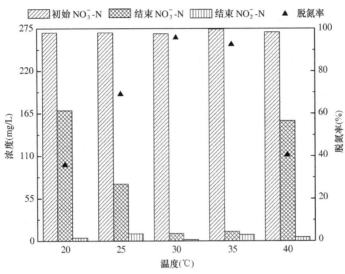

图 3-19　温度对 F1 反硝化的影响

Fig. 3-19　Temperature on the denitrification performance of strain F1

从图 3-20 可以看出，30℃菌株的反硝化效果最好，脱氮率达到 95.94%；在 35℃时脱氮效果较好，脱氮率为 91.75%；温度为 20℃、25℃、40℃时，培养液中有大量的

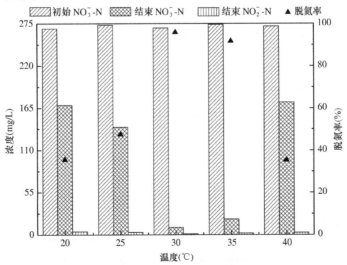

图 3-20　温度对 F10 反硝化的影响

Fig. 3-20　Temperature on the denitrification performance of strain F10

$NO_3^- \text{-N}$ 剩余，脱氮率分别仅为 35.54%、47.54%、35.39%。因此，菌株 F10 的适宜温度范围为 30～35℃。由于温度的变化直接影响微生物酶活性、生长速度、化合物溶解度，所以在不同温度下菌株 F10 的脱氮效果表现不同，故温度对污染物的降解转化起着关键作用。

3.7 响应曲面法优化研究反硝化菌脱氮性能

生长因子，如盐度、pH、温度对微生物的脱氮性能的影响往往都是在其他条件一定时考察单一因素对脱氮效率的影响，而在实际工程运行中这些因素的影响有可能是交互的，且未知哪个因素对脱氮效率的影响最为显著，因此，影响因素优化试验采用 Response Surface Methodology（RSM）响应曲面分析法进行设计，根据 Box-Behnken design（BBD）中心组合试验设计原理，在单因素试验的基础上，分别选取盐度、温度、pH 3 个因素的 3 个水平进行响应面分析[98,99]，开展对菌株 F10 脱氮率的影响研究。表 3-2 为本试验中变量编码值与实际值的对照关系。表 3-3 给出了上述编码值与其相对应的参数值。

| | | 实际值与编码值的对照 | 表 3-2 |
| | | Uncoded and coded values of the experimental variables | Table 3-2 |

自变量	编码值		
	−1	0	+1
盐度（%）	3	5	7
pH	7.0	8.0	9.0
温度（℃）	25	30	35

| | 响应曲面的 BBD 设计及试验值 | | 表 3-3 |
| | Response surface BBD and experimental values | | Table 3-3 |

试验分组	盐度编码值	pH 编码值	温度编码值	脱氮率（%）
1	0	0	0	97.33
2	1	−1	0	82.64
3	−1	0	−1	94.34
4	0	1	1	85.76
5	0	−1	1	92.23
6	1	1	0	83.86
7	−1	1	0	90.22
8	0	−1	−1	88.23
9	0	0	−1	87.98
10	−1	0	1	90.21
11	−1	−1	0	92.22
12	1	1	−1	80.04

试验分组	盐度编码值	pH 编码值	温度编码值	脱氮率（%）
13	0	0	0	97.44
14	0	0	0	97.29
15	0	0	0	97.33
16	0	0	0	97.37
17	1	0	1	82.54

根据 Box-Behnken design 中心组合试验设计原理，选取盐度、温度、pH 3 个因素的 3 个水平进行响应面分析，选用二次通用旋转组合设计，其数学模型为：

$$Y = b_0 + b_1A + b_2B + b_3C + b_{11}AA + b_{22}BB + b_{33}CC + b_{12}AB + b_{13}AC + b_{23}BC \quad (3-2)$$

应用 design-export 8.06 软件，对表 3-3 中的试验数据进行多项式拟合回归，建立回归方程如下：

$$Y = 97.35 - 4.74A - 0.94B + 0.019C + 0.80AB + 1.66AC - 1.55BC - 5.94AA$$
$$- 4.17BB - 4.63CC \quad (3-3)$$

式中，脱氮率（Y）为因变量，盐度（A）、pH（B）、温度（C）为自变量。该回归方程的方差分析（ANOVA）见表 3-4。

脱氮率模型的方差分析　　　　　　　　　　　　　　　　表 3-4

Analysis of ANOVA of the model of denitrification rate　　　Table 3-4

方差来源	平方和 SS	自由度 DF	均方 MS	F 值	P 值 $Pr > F$
模型	557.69	9	61.97	41.62	0.0001
A	179.65	1	179.65	120.66	0.0001
B	7.03	1	7.03	4.72	0.0663
C	2.812	1	2.812	1.889	0.9665
AB	2.59	1	2.59	1.74	0.2285
AC	10.99	1	10.99	7.38	0.0299
BC	9.67	1	9.67	6.50	0.0382
A^2	148.68	1	148.68	99.86	0.0001
B^2	73.38	1	73.38	49.29	0.0002
C^2	90.15	1	90.15	60.55	0.0001
残差	10.42	7	1.49		
总离差	568.11	16			

概率值（$Pr > F$）< 0.05 为显著项，则表中 A、AC、BC、A^2、B^2、C^2 项是显著的，$R^2 = 98.17$，说明响应值（脱氮率）来源于所选的变量，即盐度、pH、温度。因此，该回归方程能够真实描述各影响因素与响应值（脱氮率）之间的关系，可以利用该回归方程确定最佳脱氮率条件。

响应曲面法图形是特定的对应因素构成的三维空间在二维平面上的等高图，可以直观地反映各因素对响应值的影响，从试验所得的响应面分析图上可以找到它们在反应过程中的交互作用[100]。根据回归方程绘制 $Y= f (A, B)$，$Y=f (B, C)$，$Y=f (A, C)$ 等高线分析图和响应面图，如图 3-21～图 3-26 所示，自变量盐度、温度、pH 均对脱氮率产生影响。这几个因素都不是越大或越小，越利于脱氮率的提高，而是存在于一定的范围内。由 BBD 分析得到的脱氮率 Y 达到最大响应值时，盐度、pH、温度的取值分别为 4.17、7.86、29.76，脱氮率达到 98.40％。

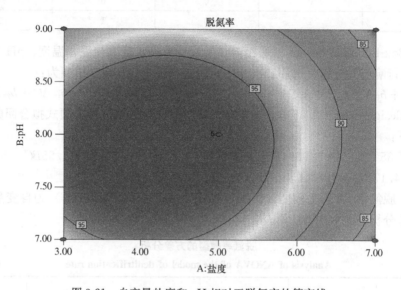

图 3-21　自变量盐度和 pH 相对于脱氮率的等高线

Fig. 3-21　Contour plots effects on denitrification rate of salinity and pH

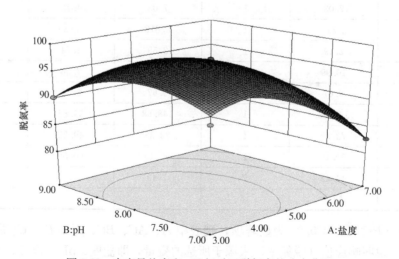

图 3-22　自变量盐度和 pH 相对于脱氮率的响应曲面

Fig. 3-22　Response surface effects on denitrification rate of salinity and pH

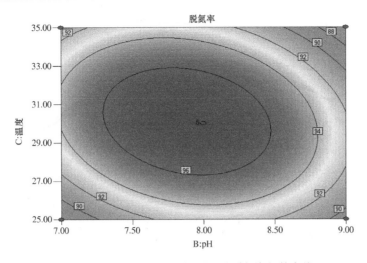

图 3-23　自变量 pH 和温度相对于脱氮率的等高线

Fig. 3-23　Contour plots effects on denitrification rate of temperature and pH

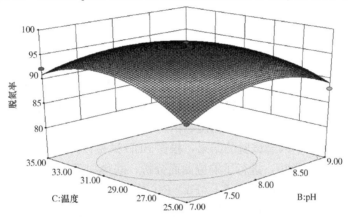

图 3-24　自变量 pH 和温度相对于脱氮率的响应曲面

Fig. 3-24　Response surface effects on denitrification rate of temperature and pH

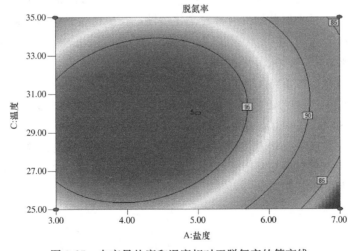

图 3-25　自变量盐度和温度相对于脱氮率的等高线

Fig. 3-25　Contour plots effects on denitrification rate of temperature and salinity

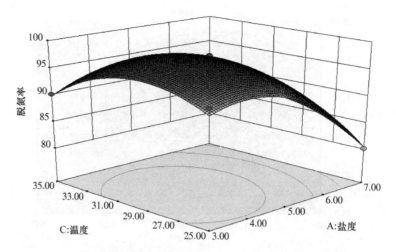

图 3-26　自变量盐度和温度相对于脱氮率的响应曲面

Fig. 3-26　Response surface effects on denitrification rate of temperature and salinity

3.8　小结

从高效运行的高盐废水生物接触氧化工艺处理反应器中成功分离纯化优选出的 4 株高效耐盐反硝化菌（F1、F3、F5、F10），在 3‰盐度下的耐盐反硝化菌的生长特性和反硝化特性及异养硝化能力，以及碳源、盐度、pH、温度等因素对耐盐反硝化菌 F1、F10 脱氮效率的影响。并依据单因素试验的结果，根据 BBD 试验设计原理，对盐度、pH、温度对菌株 F10 脱氮效率的影响，进行了响应曲面分析，获得如下结论：

（1）通过对耐盐反硝化菌 F1、F3、F5、F10 在 3‰盐度下的生长与反硝化、异养硝化性能研究，表明 $NO_3^- $-N 大量降解发生于细菌的对数生长期。此时，菌株 F1、F3 菌产生大量 $NO_2^- $-N 积累。48h 后，$NO_2^- $-N 被还原，脱氮率分别达到 98.9％、95.9％，菌株 F5、F10 反硝化过程中无 $NO_2^- $-N 积累。当培养至 36h 时，菌株脱氮率即分别达到 99.16％、99.68％。且 4 株菌均具有异养硝化特性，在菌株生长的稳定期 $NH_3^- $-N 被大量降解且在异养硝化的过程中无 $NO_2^- $-N 积累。经过 96h，$NH_3^- $-N 去除率分别达到 70.02％、72.06％、75.12％、75.22％。

（2）耐盐反硝化菌株 F1 的最佳碳源为葡萄糖，菌株 F10 的最佳碳源为乙酸钠。菌株 F1 的嗜盐范围为 3‰～10‰，菌株 F10 的嗜盐范围为 3‰～7‰。以乙酸钠为唯一碳源，盐度为 3‰条件下，适宜 pH 范围均为 7～8，最佳温度为 30℃。

（3）应用响应曲面法分析盐度、pH、温度三因素对菌株的脱氮效率的影响，结果表明三因素对菌株脱氮效率的交互影响显著，脱氮率达到最大 98.40％时的最佳条件为盐度为 4.17％、pH 为 7.86、温度为 29.76℃。

第 4 章　耐盐脱氮复合菌剂的构建及其脱氮性能的影响因素

在高盐度废水的生物处理过程中，利用单一菌株处理高盐度废水脱氮效果不理想，因此，常常需要投加高效的复合菌剂。为了进一步得到高效的复合菌剂，了解复合菌剂的生长特性及脱氮性能，使复合菌剂在适宜的环境下保持高效的脱氮能力。本章主要从反应器的成熟耐盐活性污泥中筛选分离得到耐盐反硝化菌（Halomonas sp.）、耐盐硝化菌（Bacillus sp.）和普通耐盐菌（Halomonas sp.）35 株，优选其中两株耐盐反硝化菌（Halomonas sp.）F3 和 F5、耐盐硝化菌（Bacillus sp.）X23 和普通耐盐菌（Halomonas sp.）N39 进行复配，获得高效耐盐脱氮复合菌剂，并研究其生长特性、脱氮特性和 COD 降解特性。

根据分离环境不同，不同复合菌剂的最佳生长条件又不完全相同，而前人研究复合菌剂的最佳生长条件大多都是无盐条件，因此，寻求耐盐脱氮复合菌剂的最佳生长条件是必要的。不同环境因素对耐盐脱氮复合菌剂的脱氮效果影响不同，其中 C/N 是影响氨氮去除的关键因素[101]，在反硝化过程中，有机碳源作为电子供体，对氨氮的去除效果产生一定影响，碳源过低，抑制微生物的生长，降低高盐废水的脱氮率，而碳源过高，在脱氮过程中不能得到充分利用，产生不必要的浪费；盐度对脱氮效果具有巨大影响，盐度过高抑制微生物活性，影响微生物的生长，降低脱氮效果。因此本试验以人工构建高效耐盐脱氮复合菌剂为研究对象，分别考察 C/N、盐度、pH 和温度对耐盐脱氮复合菌剂脱氮效果的影响，以寻求耐盐脱氮复合菌剂的最佳生长条件，为耐盐脱氮复合菌剂应用于实际工程中提供合理的工艺参数。

4.1　两株耐盐反硝化菌的复配

4.1.1　F2 与 F3 的复配

选取脱氮途径不同的两株耐盐反硝化菌 F2 与 F3 进行不同比例的复配，从公式（4-1）和公式（4-2）中可知，F2 将 $NO_3^- \text{-} N$ 直接转化为气体；而 F3 将 $NO_3^- \text{-} N$ 转化 $NO_2^- \text{-} N$，再转化为气体。分别对其进行生长特性、脱氮特性和 COD 降解特性的测定。

$$NO_3^- \text{-} N \longrightarrow N_2 \tag{4-1}$$

$$NO_3^- \text{-} N \longrightarrow NO_2^- \text{-} N \longrightarrow N_2 \tag{4-2}$$

脱氮率按如下公式计算：

$$E = \frac{(A+B)-(C+D)}{A+B} \times 100\% \tag{4-3}$$

式中　E——脱氮率（％）；

　　　A——水样初始的亚硝氮浓度（mg/L）；

　　　B——水样初始的硝氮浓度（mg/L）；

　　　C——水样结束的亚硝氮浓度（mg/L）；

　　　D——水样结束的硝氮浓度（mg/L）。

以硝酸钠为唯一氮源，乙酸钠为唯一碳源，取对数期的 F2 与 F3 菌液分别以 1∶1、1∶3、3∶1、1∶5、5∶1 的比例，按 6％的接种量接种于装有 400mL 模拟海水的三角瓶中，置于恒温振荡培养箱中在 30℃、125r/min 条件下培养，定时取培养液测定 OD_{600} 的变化，同时检测 COD、$NO_2^- $-N 和 $NO_3^- $-N 三个指标，绘制 F2 与 F3 混合菌株在模拟海水中的生长曲线、脱氮曲线和 COD 降解曲线。

（1）不同比例下 F2 与 F3 混合菌株的生长特性

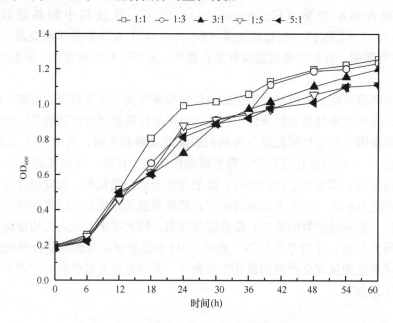

图 4-1　不同比例下 F2 与 F3 混合菌株的生长曲线

Fig. 4-1　Growth curves of complex strains of F2 and F3 at different proportions

由图 4-1 可知，不同比例下 F2 与 F3 混合菌株的生长趋势相似。F2 与 F3 混合菌株在 1∶1 和 1∶3 的复配比例下生长效果最理想，经过 6h 的缓慢期后进入对数期，24h 后进入稳定期。60h 后，细胞生长量分别为 0.212g/L 和 0.210g/L，OD_{600} 分别为 1.256 和 1.234；在 3∶1 比例时，F2 与 F3 混合菌株生长效果较理想，6h 的缓慢期后进入对数期，第 30h 进入稳定期，接种 60h 后细胞生长量达到 0.204g/L，OD_{600} 达到 1.201；在复配比例为 1∶5 和 5∶1 的情况下，F2 与 F3 混合菌株生长缓慢，经过 6h 的缓慢期后进入对数期，在第 24h 进入稳定期，60h 反应结束后细胞生长量分别为 0.184g/L 和 0.185g/L，OD_{600} 分别为 1.112 和 1.112。研究表明，1∶1 比例的 F2 与 F3 混合菌株生长效果略高于其他比例的混合菌株；在接种量相同的条件下，OD_{600} 随着 F2 或 F3 的比例升高而降低。而当 F2 与 F3 比例相差悬殊时，F2 与 F3 的混合菌株的生长效果反而下降。

（2）不同比例下 F2 与 F3 混合菌株的脱氮特性

不同比例下 F2 与 F3 混合菌株的脱氮率考察　　　　　　　　表 4-1

Denitrification rate of complex strains of F2 and F3 at different proportions　Table 4-1

F2∶F3	初始硝氮浓度 （mg/L）	末态硝氮浓度 （mg/L）	初始亚硝氮浓度 （mg/L）	末态亚硝氮浓度 （mg/L）	脱氮率 （%）
1∶1	99.51	0	0.19	37.01	62.88
1∶3	102.21	0	0.13	45.02	56.01
3∶1	98.12	0	0.54	50.01	49.31
1∶5	100.78	0	0.45	51.09	49.53
5∶1	107.89	0	0.49	50.29	53.60

由表 4-1 可知，在 1∶1、1∶3、3∶1、1∶5、5∶1 比例下，F2 与 F3 脱氮率各不相同。接种 60h 后，$NO_3^- $-N 完全被去除，但存在大量的 $NO_2^- $-N 积累。研究表明，1∶1 的比例的 F2 与 F3 混合菌株的脱氮效果最佳，在接种量相同的情况下，无论提高 F2 或 F3 所占比例，其脱氮率都降低。当 F2 和 F3 单独作用时，脱氮率分别达到 40.40% 和 97.30%，而将 F2 与 F3 按上述比例复配后，脱氮率未达到 65%，由此可知 F2 与 F3 之间相互抑制，属于拮抗关系。

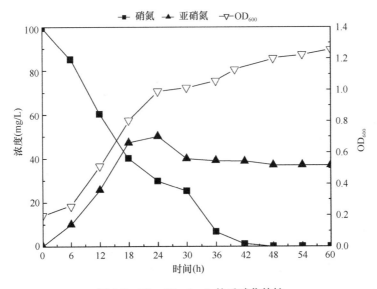

图 4-2　F2∶F3＝1∶1 的反硝化特性

Fig.4-2　Denitrification characteristics of F2∶F3＝1∶1

由图 4-2 可知，接种 60h 后 1∶1 比例的 F2 与 F3 混合菌株经过 6h 的缓慢期后，进入对数期，第 24h 进入稳定期，60h 反应结束后 OD_{600} 达到 1.256。在整个反应过程中，$NO_3^- $-N 浓度从 99.51mg/L 降至 0mg/L，但有明显的 $NO_2^- $-N 积累。第 24h，$NO_2^- $-N 浓度达到最高，为 50.12mg/L。随后，$NO_2^- $-N 浓度逐渐降低，最后降至 37.01mg/L。经过 60h 的反应，脱氮率达到 62.81%。由图 4-3 可知，1∶3 比例的 F2 与 F3 混合菌株经过 6h

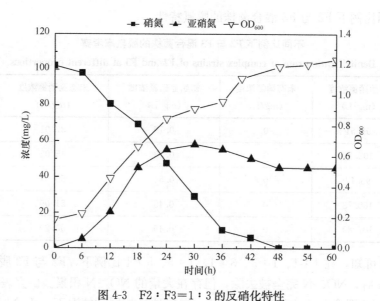

图 4-3　F2∶F3＝1∶3 的反硝化特性

Fig. 4-3　Denitrification characteristics of F2∶F3＝1∶3

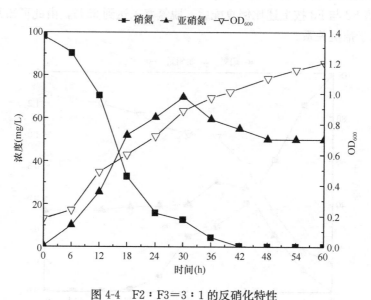

图 4-4　F2∶F3＝3∶1 的反硝化特性

Fig. 4-4　Denitrification characteristics of F2∶F3＝3∶1

的缓慢期后，进入对数期，第 24h 进入稳定期，60h 反应结束后 OD_{600} 达到 1.234。在脱氮过程中，将 $NO_3^- -N$ 浓度从 102.21mg/L 完全降解至检出限，但出现严重的 $NO_2^- -N$ 积累，在第 30h $NO_2^- -N$ 浓度达到最高值，为 58.17mg/L，随后 $NO_2^- -N$ 浓度逐渐降低，最后降至 45.02mg/L。60h 培养结束后，脱氮率达到 55.95％。由图 4-4 可知，3∶1 比例的 F2 与 F3 混合菌株经过 6h 的缓慢期后，进入对数期，第 30h 进入稳定期，60h 反应结束后 OD_{600} 达到 1.201。$NO_3^- -N$ 浓度从 98.12mg/L 降解至 0mg/L，而 $NO_2^- -N$ 浓度从 0.54mg/L 开始积累，随着反应的进行，第 30h $NO_2^- -N$ 浓度达到最高值，即 69.80mg/L，

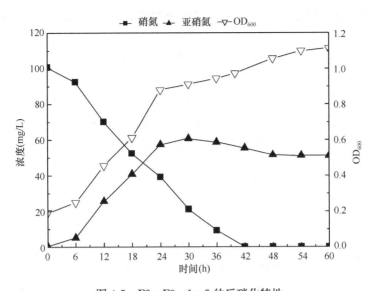

图 4-5　F2∶F3＝1∶5 的反硝化特性

Fig. 4-5　Denitrification characteristics of F2∶F3＝1∶5

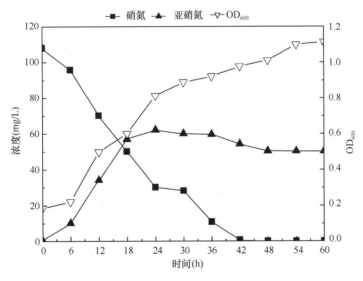

图 4-6　F2∶F3＝5∶1 的反硝化特性

Fig. 4-6　Denitrification characteristics of F2∶F3＝5∶1

随后缓慢降低，60h 后降至 50.01mg/L，脱氮率达到 50.14％。由图 4-5 可知，经过 6h 的缓慢期后，1∶5 比例的 F2 与 F3 混合菌株进入对数期，24h 后进入稳定期，反应结束后 OD_{600} 达到 1.112。在整个脱氮过程中，$NO_3^- $-N 浓度从 100.78mg/L 完全降至检出限，且出现大量的 $NO_2^- $-N 积累，第 30h 达到积累最高值，即 60.78mg/L，随后缓慢降低，最后降至 51.09mg/L，脱氮率为 49.31％。由图 4-6 可知，5∶1 比例的 F2 与 F3 混合菌株经过 6h 的缓慢期后，进入对数期，第 24h 进入稳定期，反应结束后 OD_{600} 达到 1.112。经过 60h 脱氮反应，$NO_3^- $-N 浓度从 107.89mg/L 降至 0mg/L，且出现严重 $NO_2^- $-N 积累，第

24h积累达到最高值，即62.21mg/L，随后缓慢降低，反应结束后降至50.29mg/L，脱氮率为53.39%。

从图4-2～图4-6中还可以看出，反硝化作用主要发生在混合菌株的对数期。从$NO_3^- $-N浓度与$NO_2^- $-N浓度的变化曲线可以看出，$NO_3^- $-N浓度曲线与$NO_2^- $-N浓度曲线有交合点，在交叉点处的$NO_3^- $-N浓度与$NO_2^- $-N浓度相同。交叉处的时间越早，硝氮浓度在此时间段的降解率越大。而不同比例的F2与F3混合菌株在反应48h后$NO_3^- $-N浓度与$NO_2^- $-N浓度降解量低，甚至没有变化，因此，在以后的试验中，测试48h的$NO_3^- $-N浓度与$NO_2^- $-N浓度的数据即可。

（3）不同比例下F2与F3混合菌株的COD降解能力

由图4-7可知，F2与F3按1：1、1：3、3：1、1：5、5：1的比例复配后，其COD降解率都在80%～82%范围内，其中1：1比例的F2与F3的混合菌株的COD降解率达到最高，为81.81%。由此可见，不同比例下的F2与F3混合菌株在脱氮过程中会消耗大部分碳源，达到降低COD的效果。故不同比例的F2与F3混合菌株可以在3%盐度的环境下表现出很好的生长性能，同时能高效去除有机污染物。

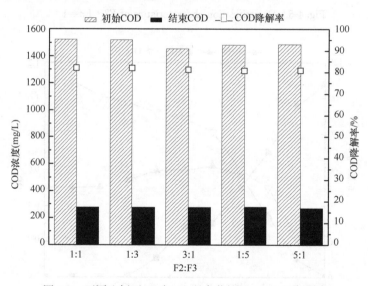

图4-7　不同比例下F2与F3混合菌株的COD去除效果

Fig. 4-7　COD removal efficiency of F2 and F3 at different proportions

4.1.2　F5与F10的复配

选取脱氮途径中无亚硝酸盐积累的两株耐盐反硝化菌F5与F10进行不同比例的复配，分别对其进行生长特性、脱氮特性和COD降解特性的测定。

以硝酸钠为唯一氮源，乙酸钠为唯一碳源，取对数期的F5与F10菌液分别以1：1、1：3、3：1、1：5、5：1的比例，按6%的接种量接种于装有400mL模拟海水的三角瓶中，置于恒温振荡培养箱中在30℃、125r/min条件下培养，定时取培养液测定OD_{600}的变化，同时检测COD、$NO_2^- $-N和$NO_3^- $-N三个指标，绘制F5与F10混合菌株在模拟海水中的生长曲线、脱氮曲线和COD降解曲线。

（1）不同比例下 F5 与 F10 混合菌株的生长特性

由图 4-8 可以看出，在整个脱氮过程中，不同比例下的 F5 与 F10 混合菌株的生长曲线相似，OD_{600} 逐渐升高。经过 6h 的缓慢期，混合菌株进入对数期，接种 48h 时 1∶1、1∶3、3∶1、1∶5、5∶1 的比例的 F5 与 F10 的混合菌株的 OD_{600} 分别为 1.208、1.071、1.201、1.108、1.041，细胞生长量分别为 0.201g/L、0.166g/L、0.198g/L、0.177g/L、0.156g/L。可知，在生长过程中，细胞生长量随着 F5 或 F10 所占比例的升高而降低。1∶1 比例的 F5 与 F10 混合菌株生长效果高于其他比例的混合菌株。

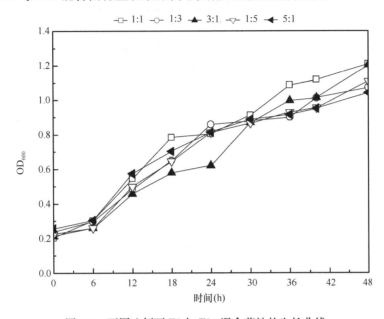

图 4-8　不同比例下 F5 与 F10 混合菌株的生长曲线

Fig. 4-8　Growth curves of complex strains of F5 and F10 at different proportions

（2）不同比例下 F5 与 F10 混合菌株的脱氮特性

不同比例下 **F5 与 F10 混合菌株的脱氮率考察**　　　　　　　　　　**表 4-2**

Denitrification rate of complex strains of F5 and F10 at different proportions　Table 4-2

F5∶F10	初始硝氮浓度 (mg/L)	末态硝氮浓度 (mg/L)	初始亚硝氮浓度 (mg/L)	末态亚硝氮浓度 (mg/L)	脱氮率 （%）
1∶1	105.57	0	0.48	84.93	19.92
1∶3	105.83	0	0.84	86.01	19.37
3∶1	106.12	0	0.32	80.46	24.41
1∶5	110.26	0	0.18	90.41	18.14
5∶1	108.68	4.84	0.21	73.79	27.79

由表 4-2 可以看出，虽然 F5 与 F10 单独作用时脱氮率均达到 95% 以上，但是将 F5 与 F10 按 1∶1、1∶3、3∶1、1∶5、5∶1 的比例复配后，其脱氮率都不足 30%，由此可知 F5 与 F10 之间相互抑制，属于拮抗关系。将 F5 与 F10 以 1∶1、1∶3、3∶1、1∶5、5∶1 比例复配后脱氮率分别达到 19.92%、19.37%、24.41%、18.14%、27.79%。整个

脱氮过程中，能够较好的降解 $NO_3^- -N$，将 $NO_3^- -N$ 大部分转化为 $NO_2^- -N$，极少部分转化为气体，因此出现大量的 $NO_2^- -N$ 积累。通过复配，5∶1 的 F5 与 F10 的脱氮率最高，并且在接种量相同的条件下 F10 所占比例越大，其脱氮率越低；反之，在接种量相同的条件下，F5 所占比例越大，其脱氮率越高。

由图 4-9 可知，在整个脱氮过程中，1∶1 的 F5 与 F10 混合菌株，经过 6h 的缓慢期后进入对数期，第 36h 进入稳定期，48h 后 OD_{600} 为 1.208。$NO_3^- -N$ 浓度从 105.57mg/L

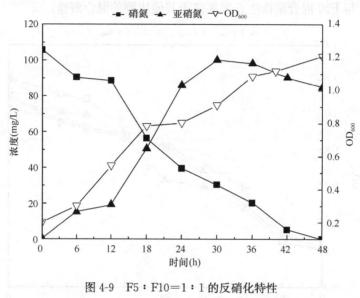

图 4-9　F5∶F10＝1∶1 的反硝化特性

Fig. 4-9　Denitrification characteristics of F5∶F10＝1∶1

降至 0mg/L，出现大量的 $NO_2^- -N$ 积累，第 30h $NO_2^- -N$ 浓度达到最高值，即 100.12mg/L，随后缓慢降低，反应结束后降至 84.93mg/L，脱氮率为 19.92%。由图 4-10 可知，1∶3

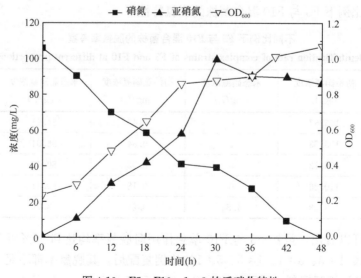

图 4-10　F5∶F10＝1∶3 的反硝化特性

Fig. 4-10　Denitrification characteristics of F5∶F10＝1∶3

的 F5 与 F10 混合菌株前 6h 处于缓慢期。随后，OD_{600} 开始急速升高，生长曲线较陡峭，处于对数期。第 24h 进入稳定期，48h 反应结束后 OD_{600} 达到 1.071。反应 48h 后，将 $NO_3^- -N$ 浓度从 105.83mg/L 降解至检出限，并出现严重 $NO_2^- -N$ 积累。第 30h，$NO_2^- -N$ 浓度达到最高值，即 99.54mg/L，随后逐渐降低，反应结束后降至 86.01mg/L，脱氮率仅为 18.73%。由图 4-11 可知，在整个脱氮过程中，3∶1 的 F5 与 F10 混合菌株在前 6h 中 OD_{600} 处于缓慢期，随后进入对数期，48h 后 OD_{600} 达到 1.201。经过 48h 脱氮反应，$NO_3^- -N$ 浓度从 106.12mg/L 降至 0mg/L，同时，$NO_2^- -N$ 浓度逐渐升高，第 30h $NO_2^- -N$ 浓度最高，即 99.78mg/L，48h 后 $NO_2^- -N$ 浓度降至 80.46mg/L，脱氮率达到 24.18%。由图 4-12 可知，在整个培养过程中，1∶5 的 F5 与 F10 混合菌株经过 6h 的缓慢期后，进入对数期，接种 48h 后 OD_{600} 为 1.108。在脱氮反应过程中，$NO_3^- -N$ 浓度从 110.26mg/L 降至 0mg/L，出现明显的 $NO_2^- -N$ 积累，第 42h $NO_2^- -N$ 浓度达到 99.58mg/L，随后 $NO_2^- -N$ 浓度缓慢降低，最终降至 90.41mg/L，脱氮率达到 18.01%。由图 4-13 可知，5∶1 的 F5 与 F10 混合菌株在整个反应过程中的 OD_{600} 逐渐升高，前 6h 处于缓慢期，第 6h 开始进入对数期，48h 后 OD_{600} 达到 1.041。在培养 48h 过程中将 $NO_3^- -N$ 浓度从 108.68mg/L 降至 4.84mg/L，并出现了严重的 $NO_2^- -N$ 积累，反应 36h 后 $NO_2^- -N$ 浓度达到最高值，为 85.57mg/L，而后 $NO_2^- -N$ 浓度逐渐降低，反应 48h 后 $NO_2^- -N$ 浓度为 73.79mg/L，脱氮率达到 27.76%。

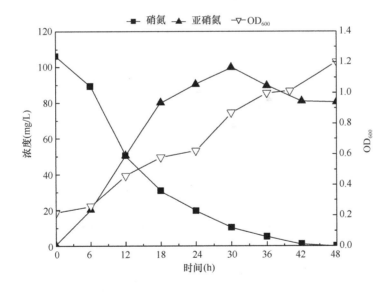

图 4-11　F5∶F10=3∶1 的反硝化特性

Fig. 4-11　Denitrification characteristics of F5∶F10=3∶1

　　从图 4-9～图 4-13 还可以看出，反硝化作用主要发生在混合菌株的对数期。在整个培养过程中，出现了严重的亚硝酸盐积累，反应结束后亚硝酸盐积累量越大，脱氮率反而越低。从 $NO_3^- -N$ 浓度与 $NO_2^- -N$ 浓度的变化曲线可以看出，$NO_3^- -N$ 浓度与 $NO_2^- -N$ 浓度的变化曲线有交合点，在交叉点处的 $NO_3^- -N$ 浓度与 $NO_2^- -N$ 浓度相同。交叉处的时间越早，硝氮浓度在此时间段的降解量越大。

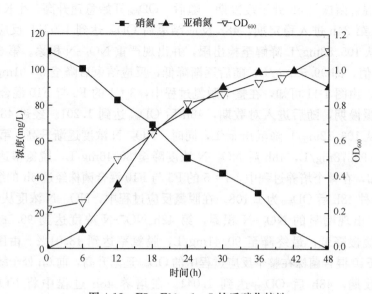

图 4-12 F5：F10＝1：5 的反硝化特性

Fig. 4-12 Denitrification characteristics of F5：F10＝1：5

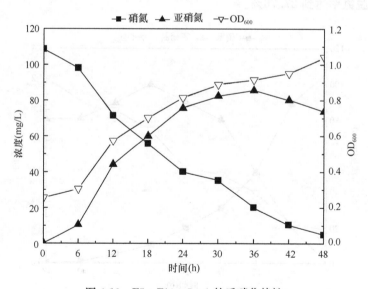

图 4-13 F5：F10＝5：1 的反硝化特性

Fig. 4-13 Denitrification characteristics of F5：F10＝5：1

（3）不同比例下 F5 与 F10 混合菌株的 COD 降解能力

由图 4-14 可知，按 1：1、1：3、3：1、1：5、5：1 的比例复配后 F5 与 F10 混合菌株的 COD 降解率都在 80％～82％范围内。其中，1：1 比例的 F5 与 F10 的混合菌株的 COD 降解率达到最高，为 81.04％。在混合菌株生长过程中需要大量的碳源，达到降解 COD 的效果。故不同比例的 F5 与 F10 混合菌株可以在 3％盐度的环境下表现出很好的生长性能，同时能高效去除有机污染物。

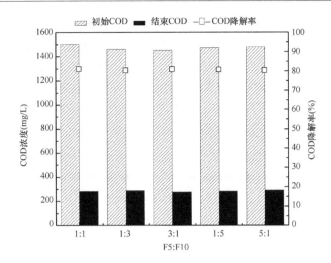

图 4-14 不同比例下 F5 与 F10 混合菌株的 COD 降解能力

Fig. 4-14 COD removal efficiency of F5 and F10 at different proportions

4.1.3 F3 与 F5 的复配

选取脱氮率较高的两株耐盐反硝化菌 F3 与 F5 进行不同比例的复配，其中 F3 在反应过程中有亚硝酸盐积累，而 F5 在反应过程中无亚硝酸盐积累，分别对其进行生长特性、脱氮特性和 COD 降解特性的测定。

以硝酸钠为唯一氮源，乙酸钠为唯一碳源，取对数期的 F3 与 F5 菌液分别以 1∶1、1∶3、3∶1、1∶5、5∶1 的比例，按 6% 的接种量接种于装有 400mL 模拟海水的三角瓶中，置于恒温振荡培养箱中在 30℃、125r/min 条件下培养，定时取培养液测定 OD_{600} 的变化，同时检测 COD、$NO_2^- -N$ 和 $NO_3^- -N$ 三个指标，绘制 F3 与 F5 混合菌株在模拟海水中的生长曲线、脱氮曲线和 COD 降解曲线。

（1）不同比例下 F3 与 F5 混合菌株的生长特性

由图 4-15 可知，以 1∶1、1∶3、3∶1、1∶5、5∶1 的比例复配的 F3 与 F5 混合菌株

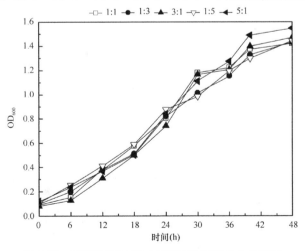

图 4-15 不同比例下 F3 与 F5 混合菌株的生长曲线

Fig. 4-15 Growth curves of complex strains of F3 and F5 at different proportions

的生长曲线相似，经过一段时间的缓慢期后，进入对数期，第24h进入稳定期，48h后OD$_{600}$分别达到1.421、1.432、1.469、1.444、1.549，细胞生长量分别为0.267g/L、0.268g/L、0.280g/L、0.269g/L、0.290g/L。可知，在模拟海水中，不同比例的F3与F5混合菌株生长效果明显，其中5∶1比例的F3与F5生长效果明显高于其他比例。当F3与F5混合菌株的比例相差较悬殊时，F3与F5混合菌株细胞生长量较高。

（2）不同比例下F3与F5混合菌株的脱氮特性

不同比例下 F3 与 F5 混合菌株的脱氮率考察　　　　表 4-3

Denitrification rate of complex strains of F3 and F5 at different proportions　　Table 4-3

F3∶F5	初始硝氮浓度 （mg/L）	末态硝氮浓度 （mg/L）	初始亚硝氮浓度 （mg/L）	末态亚硝氮浓度 （mg/L）	脱氮率 （%）
1∶1	104.24	0	0.09	16.41	84.27
1∶3	109.58	6.33	0.13	37.93	59.66
3∶1	111.04	8.17	0.09	34.02	62.04
1∶5	102.30	8.72	0.15	40.06	52.39
5∶1	102.08	0	0.13	39.98	60.89

由表4-3可知，虽然F3与F5单独作用时脱氮率都达到95%以上，但是将F3与F5按1∶1、1∶3、3∶1、1∶5、5∶1的比例复配后，其脱氮率都不足85%，由此可知F3与F5之间相互抑制，属于拮抗关系。经过48h培养后，按1∶1、1∶3、3∶1、1∶5、5∶1的比例复配后F3与F5混合菌株脱氮率分别达到84.27%、59.66%、62.04%、52.39%、60.89%。整个反应过程中，出现大量的NO$_2^-$-N积累，混合菌株能够较好的降解NO$_3^-$-N，将NO$_3^-$-N转化为NO$_2^-$-N或者转化为气体。通过复配，可知在1∶1的比例下F3与F5的脱氮率最高，而在接种量相同的条件下，无论提高F3所占比例还是F5所占比例，脱氮率都降低。

由图4-16可知，1∶1比例的F3与F5混合菌株经过6h的缓慢期后，进入对数期，

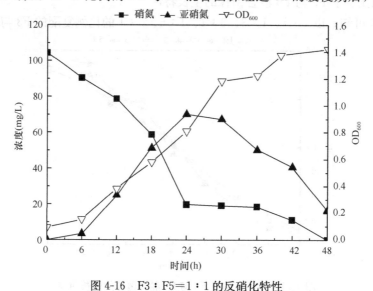

图 4-16　F3∶F5＝1∶1 的反硝化特性

Fig. 4-16　Denitrification characteristics of F3∶F5＝1∶1

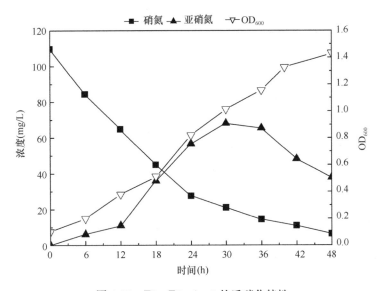

图 4-17　F3：F5＝1：3 的反硝化特性

Fig. 4-17　Denitrification characteristics of F3：F5＝1：3

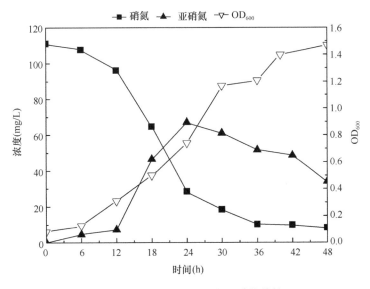

图 4-18　F3：F5＝3：1 的反硝化特性

Fig. 4-18　Denitrification characteristics of F3：F5＝3：1

24h 后进入稳定期，48h 反应结束后 OD$_{600}$ 达到 1.421。在脱氮过程中，NO$_3^-$-N 氮浓度从 104.24mg/L 降解至 0mg/L，出现大量 NO$_2^-$-N 积累，24h 亚硝氮浓度达到最高值，为 70.12mg/L，随后急速降低，48h 后降至 16.41mg/L，脱氮率达到 84.27%。由图 4-17 可知，在整个反应过程中，1：3 比例的 F3 与 F5 的混合菌株经过 18h 的缓慢期，进入对数期，第 24h 开始进入稳定期，48h 后 OD$_{600}$ 达到 1.432。而 NO$_3^-$-N 浓度从 109.58mg/L 降至 6.33mg/L，同时 NO$_2^-$-N 浓度在第 30h 达到最高值，即 68.12mg/L，随后逐渐降低，48h 后降至 37.93mg/L，脱氮率达到 59.61%。由图 4-18 可知，3：1 比例的 F3 与 F5 混

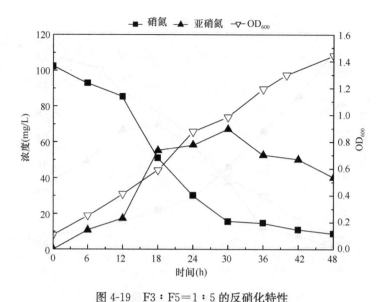

图 4-19　F3∶F5＝1∶5 的反硝化特性

Fig. 4-19　Denitrification characteristics of F3∶F5＝1∶5

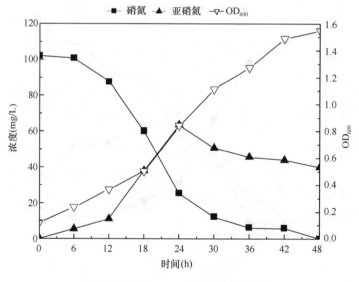

图 4-20　F3∶F5＝5∶1 的反硝化特性

Fig. 4-20　Denitrification characteristics of F3∶F5＝5∶1

合菌株经过 6h 的缓慢期后，进入对数期，48h 后 OD_{600} 达到 1.469。反应 48h 后 NO_3^--N 浓度从 111.04mg/L 降至 8.17mg/L。而在整个脱氮过程中，出现大量 NO_2^--N 积累，第 24h NO_2^--N 浓度达到最高值，即 67.10mg/L，随后逐渐降低。反应结束后 NO_2^--N 浓度为 34.02mg/L，脱氮率达到 62.04％。由图 4-19 可知，1∶5 比例的 F3 与 F5 混合菌株经过 18h 的缓慢期后，进入对数期，48h 后 OD_{600} 达到 1.444。48h 反应结束后 NO_3^--N 浓度从 102.3mg/L 降至 8.72mg/L，而第 30h NO_2^--N 浓度达到最高值，为 67.23mg/L，随后开始降低。反应结束后 NO_2^--N 浓度降至 40.06mg/L，脱氮率达到 52.32％。由图 4-20 可

知，5∶1 比例的 F3 与 F5 混合菌株，经过 18h 的缓慢期，随后进入对数期，48h 后 OD_{600} 达到 1.549。在脱氮过程中，NO_3^--N 浓度从 102.08mg/L 降至 0mg/L，而 NO_2^--N 浓度经过 24h 的反应后，达到最高值，即 63.54mg/L，随后开始降低，反应结束后 NO_2^--N 浓度为 39.98mg/L，脱氮率达到 60.83%。

（3）不同比例下 F3 与 F5 混合菌株的 COD 降解能力

由图 4-21 可以看出，以 1∶1、1∶3、3∶1、1∶5、5∶1 的比例复配的 F3 与 F5 混合菌株经 48h 培养后，其 COD 降解率都达到 93% 以上，其中 3∶1 比例的 F3 与 F5 的混合菌株的 COD 降解率达到最高，为 94.5%。故不同比例的 F3 与 F5 混合菌株可以在 3% 盐度的环境下表现出很好的生长性能，同时能高效去除有机污染物。

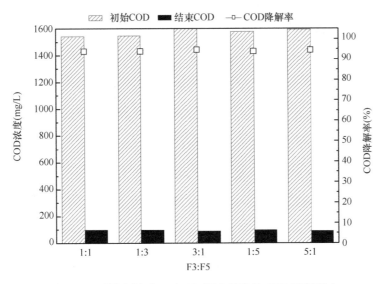

图 4-21　不同比例下 F3 与 F5 混合菌株的 COD 降解能力

Fig. 4-21　COD removal efficiency of F3 and F5 at different proportions

4.2　两株耐盐反硝化菌与耐盐硝化菌的复配

从上节中，可以看出在相同比例下，F3 与 F5 混合培养的脱氮率远远高于 F2 与 F3 的混合培养和 F5 与 F10 的混合培养；而在相同条件下，1∶1 的 F3 与 F5 混合培养的脱氮率远远高于其他比例，因此，选取 1∶1 的 F3 与 F5 为一整体，记住 FH。随后，将 FH 与前期分离的耐盐硝化菌 X23 进行不同比例的复配，并且分别对其进行生长特性、脱氮特性和 COD 降解特性的测定。

以氯化铵为唯一氮源，乙酸钠为唯一碳源，取对数期的 FH 和 X23 菌液分别以 1∶1、1∶3、3∶1、1∶5、5∶1、1∶7 的比例，按 6% 的接种量接种于装有 400mL 模拟海水的三角瓶中，置于恒温振荡培养箱中在 30℃、125r/min 条件下培养，定时取培养液测定 OD_{600} 的变化，同时检测 COD、氨氮、NO_2^--N 和 NO_3^--N 四个指标，绘制 FH 与 X23 混合菌株在模拟海水中的生长曲线、脱氮曲线和 COD 降解曲线。

4.2.1 混合培养的生长特性

由图 4-22 可知，不同比例下的 FH 与 X23 混合菌株的生长曲线相似，经过 12h 的缓慢期，才开始进入对数期，36h 后进入稳定期，42h 后 OD_{600} 分别达到 1.299、1.299、1.289、1.402、1.301、1.478，细胞生长量分别为 0.236g/L、0.238g/L、0.234g/L、0.261g/L、0.237g/L、0.274g/L。可知在模拟海水中，不同比例的 FH 与 X23 混合菌株的生长效果明显。其中，1∶7 比例的 FH 与 X23 混合菌株的生长曲线明显高于其他比例下的 FH 与 X23 混合菌株。当 X23 所占比例较大时，混合菌株的细胞生长量明显升高。

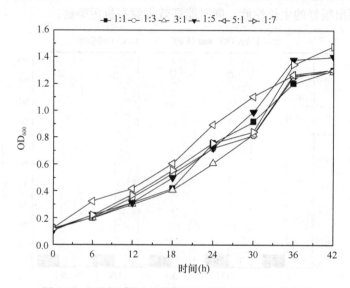

图 4-22　不同比例下 FH 与 X23 混合菌株的生长曲线

Fig. 4-22　Growth curves of complex strains of FH and X23 at different proportions

4.2.2 混合培养的脱氮特性和 COD 降解能力

（1）两株耐盐反硝化菌与耐盐硝化菌混合培养的脱氮特性

不同比例下 FH 与 X23 混合菌株的脱氮率考察　　表 4-4

Denitrification rate of complex strains of FH and X23 at different proportions　Table 4-4

FH∶X23	初始氨氮浓度 (mg/L)	末态氨氮浓度 (mg/L)	初始硝氮浓度 (mg/L)	末态硝氮浓度 (mg/L)	初始亚硝氮浓度 (mg/L)	末态亚硝氮浓度 (mg/L)	脱氮率 （%）
1∶1	98.93	3.02	0	0	3.20	0.78	96.28
1∶3	97.59	0.60	0	0	3.73	0.46	98.95
3∶1	101.62	7.58	0	0	3.47	0.42	92.39
1∶5	98.14	0.06	0	0	3.32	0.37	99.58
5∶1	96.25	1.14	0	6.14	3.25	2.20	90.47
1∶7	98.93	0.33	0	0	3.17	0.36	99.33

由表 4-4 可知，经过 42h 脱氮反应后，1∶1、1∶3、3∶1、1∶5、5∶1、1∶7 比例的 FH 与 X23 脱氮率分别达到 96.28%、98.95%、92.39%、99.58%、90.47%、99.33%。整个反应过程中能较好地降解氨氮，将氨氮转化 NO_3^--N；同时，将 NO_3^--N 转化为 NO_2^--N 或者转化为气体，并且几乎没有 NO_2^--N 积累，只有少量 NO_3^--N 积累。而在 1∶5 的比例下 FH 与 X23 的脱氮率，与在 1∶7 的比例下 FH 与 X23 的脱氮率都达到 99% 以上，考虑经济效益，选择 1∶5 的比例下 FH 与 X23。通过复配，可以看出在接种量相同条件下，提高 FH 所占比例，脱氮率都降低，而 X23 所占比例越大，脱氮率越大。但是，X23 达到一定所占比例时，脱氮率反而下降。可知不是 FH 与 X23 比例越悬殊脱氮率越好，达到一定比例时，脱氮率反而下降。根据 EM（Effective Microorganisms）原理可知，不同的脱氮菌在同一生长环境中可以共存，如果菌种间相互作用，促进其生长繁殖，形成了互生关系，就能产生协同作用[59]。由此可以确定 FH 与 X23 形成了高效的微生物菌群，按 1∶1、1∶3、3∶1、1∶5、5∶1、1∶7 的比例复配后的 FH 与 X23 的脱氮率远高于 FH 与 X23 单独作用的脱氮率，而且脱氮时间大大缩短。

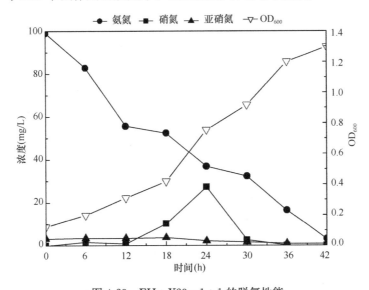

图 4-23　FH∶X23＝1∶1 的脱氮性能

Fig. 4-23　Denitrification characteristics of FH∶X23＝1∶1

由图 4-23 可知，1∶1 比例的 FH 与 X23 混合菌株经过 12h 的缓慢期后，进入对数期，42h 反应结束后 OD_{600} 达到 1.299。反应 42h 后，氨氮浓度从 98.93mg/L 降至 3.02mg/L，出现少量的 NO_3^--N 积累；第 36h，NO_3^--N 浓度降至 0mg/L，无 NO_2^--N 积累；42h 后，NO_2^--N 浓度达到 0.78mg/L，脱氮率达到 96.28%。由图 4-24 可知，1∶3 比例的 FH 与 X23 混合菌株经过 6h 的缓慢期，进入对数期；42h 反应结束后，OD_{600} 达到 1.299。经过 42h 的脱氮反应后，氨氮浓度从 97.59mg/L 降至 0.60mg/L，出现少量的 NO_3^--N 积累，第 30h NO_3^--N 浓度为 0mg/L，而无 NO_2^--N 积累，脱氮率达到 98.95%。由图 4-25 可知，3∶1 比例的 FH 与 X23 混合菌株经过 6h 的缓慢期后，进入对数期，42h 反应结束后 OD_{600} 为 1.289。在整个脱氮反应过程中，氨氮浓度从 101.62mg/L 降至 7.58mg/L，存在少量的 NO_3^--N 积累，第 36h NO_3^--N 浓度降至 0mg/L，而无 NO_2^--N 积

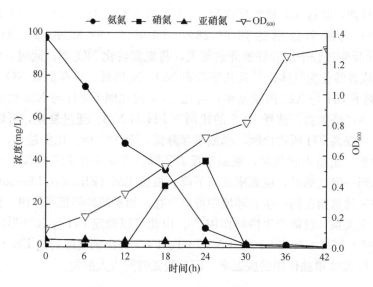

图 4-24　FH：X23＝1：3 的脱氮性能

Fig. 4-24　Denitrification characteristics of FH：X23＝1：3

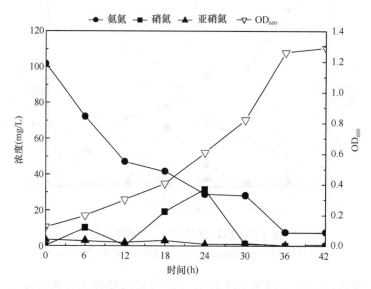

图 4-25　FH：X23＝3：1 的脱氮性能

Fig. 4-25　Denitrification characteristics of FH：X23＝3：1

累，脱氮率为 92.39％。由图 4-26 可知，1：5 比例的 FH 与 X23 混合菌株经过 6h 的缓慢期后，进入对数期，42h 后 OD600 达到 1.402。氨氮浓度从 98.14mg/L 降至 0.06mg/L，有少量的 NO_3^--N 积累，36h 后 NO_3^--N 浓度降至 0mg/L，而在整个反应过程中无 NO_2^--N 积累，42h 后 NO_2^--N 浓度达到 0.37mg/L，脱氮率高达 99.58％。由图 4-27 可知，5：1 比例的 FH 与 X23 混合菌株经过 6h 的缓慢期，才开始进入对数期，42h 反应结束后 OD600 达到 1.301。反应 42h 后氨氮浓度为 1.14mg/L，在整个反应过程中，出现少量的 NO_3^--N 积累，42h 后 NO_3^--N 浓度降至 6.14mg/L，而无 NO_2^--N 积累，脱氮率达到 90.47％。由

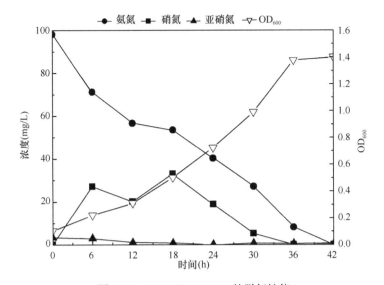

图 4-26　FH∶X23＝1∶5 的脱氮性能

Fig. 4-26　Denitrification characteristics of FH∶X23＝1∶5

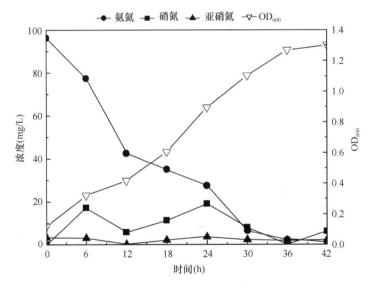

图 4-27　FH∶X23＝5∶1 的脱氮性能

Fig. 4-27　Denitrification characteristics of FH∶X23＝5∶1

图 4-28 可知，1∶7 比例的 FH 与 X23 混合菌株经过 6h 的缓慢期后，进入对数期，42h 反应结束后 OD_{600} 达到 1.478。反应 42h 后氨氮浓度降至 0.33mg/L，在整个脱氮过程中，出现少量的 NO_3^--N 积累，30h 后 NO_3^--N 浓度为 0，而无 NO_2^--N 积累，脱氮率高达 99.33％。

　　由图 4-23～图 4-28 可以看出，在整个脱氮过程中，能较好地降解氨氮，无 NO_2^--N 积累；而 NO_3^--N 浓度却忽高忽低，这是由于在整个反应过程中，硝化和反硝化经常都同时存在，反应条件控制不好，硝化和反硝化可能发生逆转。NO_3^--N 浓度升高可能是因为

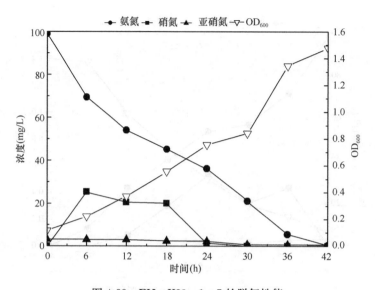

图 4-28　FH∶X23＝1∶7 的脱氮性能

Fig. 4-28　Denitrification characteristics of FH∶X23＝1∶7

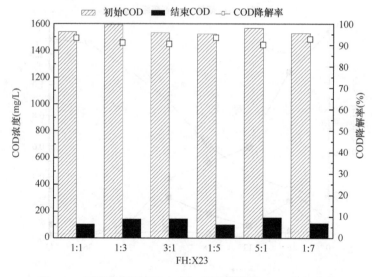

图 4-29　不同比例下 FH 与 X23 混合菌株的 COD 降解能力

Fig. 4-29　COD removal efficiency of FH and X23 at different proportions

流入的 NO_3^- -N 氮含量增加所引起的，也可能是反应条件控制不当造成硝化过程占优势所引起的。而 NO_3^- -N 浓度下降，可能是因为反硝化过程占优势所引起的。

（2）两株耐盐反硝化菌与耐盐硝化菌混合培养的 COD 降解能力

由图 4-29 可知，以 1∶1、1∶3、3∶1、1∶5、5∶1、1∶7 的比例复配的 FH 与 X23混合菌株经 42h 培养后，其 COD 降解率的范围在 90%～94% 之间。其中，1∶5 比例的FH 与 X23 的混合菌株的 COD 降解率达到最高，为 93.36%。在脱氮反应过程中，需要消耗能量，因此也需要碳源，可知脱氮率越大，COD 降解率越大。在培养过程中，COD

被混合菌株的生长和脱氮过程所利用。

4.3 普通耐盐菌、耐盐反硝化菌与耐盐硝化菌混合培养的复配

从上节中，可以看出在相同条件下，1∶5 的 FH 与 X23 混合培养的脱氮率远远高于其他比例，因此，选取 1∶5 的 FH 与 X23 为一整体，记为 FX，随后将 FX 与前期分离的普通耐盐菌 N39 进行不同比例的复配，并且分别对其进行生长特性、脱氮特性和 COD 降解特性的测定。

以氯化铵为唯一氮源，乙酸钠为唯一碳源，取对数期的 FX 和 N39 菌液分别以 1∶1、1∶3、3∶1、1∶5、5∶1、1∶7 的比例，按 6％的接种量接种于装有 400mL 模拟海水的三角瓶中，置于恒温振荡培养箱中在 30℃、125r/min 条件下培养，定时取培养液测定 OD_{600} 的变化，同时检测 COD、氨氮、$NO_2^- -N$ 和 $NO_3^- -N$ 四个指标。绘制 FX 与 N39 混合菌株在模拟海水中的生长曲线、脱氮曲线和 COD 降解曲线。

4.3.1 混合培养的生长特性

由图 4-30 可知，不同比例下的 FX 与 N39 混合菌株的生长曲线相似，经过 6h 的缓慢期，才开始进入对数期，36h 后 OD_{600} 分别达到 1.020、1.101、1.121、1.176、1.102、1.175，细胞生长量分别为 0.183g/L、0.198g/L、0.204g/L、0.213g/L、0.2g/L、0.214g/L。可知，在模拟海水中，不同比例下 FX 与 N39 混合菌株的生长效果明显，其中 1∶5、1∶7 比例 FX 与 N39 混合菌株的生长曲线明显高于其他比例的 FX 与 N39 混合菌株的生长曲线。OD_{600} 随着 FX 或者 N39 的所占比例的提高而升高，但不是 FX 或者 N39 提高量越大，反应结束后 OD_{600} 越大，当 FX 与 N39 比例悬殊到一定程度时，反应结束后 OD_{600} 反而降低。

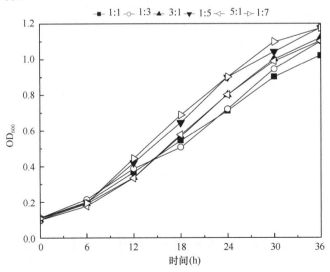

图 4-30 不同比例下 FX 与 N39 混合菌株的生长曲线

Fig. 4-30 Growth curves of complex strains of FX and N39 at different proportions

4.3.2 混合培养的脱氮特性和COD降解能力

（1）普通耐盐菌、耐盐反硝化菌与耐盐硝化菌混合培养的脱氮特性

不同比例下 FX 与 N39 混合菌株的脱氮率考察　　　表 4-5

Denitrification rate of complex strains of FX and N39 at different proportions　Table 4-5

FX：N39	初始氨氮浓度（mg/L）	末态氨氮浓度（mg/L）	初始硝氮浓度（mg/L）	末态硝氮浓度（mg/L）	初始亚硝氮浓度（mg/L）	末态亚硝氮浓度（mg/L）	脱氮率（%）
1：1	98.40	4.09	0	0	0.58	0.29	95.57
1：3	97.05	3.02	0	0	0.39	0.29	96.60
3：1	98.93	1.94	0	0	0.63	0.16	95.40
1：5	101.35	0.87	0	0	0.32	0.13	99.02
5：1	97.86	5.16	0	0	0.29	0.14	94.60
1：7	102.43	0.06	0	0	0.46	0.16	99.79

　　由表 4-5 可知，FX 与 N39 按 1：1、1：3、3：1、1：5、5：1、1：7 的比例复配后，其脱氮率都达到 94% 以上，而且与 FH 与 X23 混合培养时间相比较，FX 与 N39 混合培养作用缩短 6h，由此可知 FX 与 N39 之间相互促进。FX 与 N39 按 1：1、1：3、3：1、1：5、5：1、1：7 的比例复配后，在反应 36h 后脱氮率分别达到 95.57%、96.60%、95.40%、99.02%、94.60%、99.79%，整个反应过程中，几乎没有亚硝氮积累，只有少量 NO_3^--N 积累，能较好地降解氨氮，将氨氮转化 NO_3^-N；同时，将 NO_3^--N 转化为 NO_2^--N 或者转化为气体。通过复配，可以看出在 1：7 的比例下 FX 与 N39 的脱氮率最高，而 1：5 的比例下 FX 与 N39 的脱氮率也达到 99.02%，考虑经济效益，因此选择 1：5 的比例 FX 与 N39，同时可知在接种量相同条件下随着 FX 所占比例越大，脱氮率降低，而 N39 所占比例越大，脱氮率升高。与 FX 与 N39 单独作用相比，按 1：1、1：3、3：1、1：5、5：1、1：7 的比例复配后的 FX 与 N39 的脱氮效果更明显，脱氮率更高，可知 FX 与 N39 共存于同一生长环境下能够相互促进，发挥其最大优势，从而使脱氮时间缩短 6h。

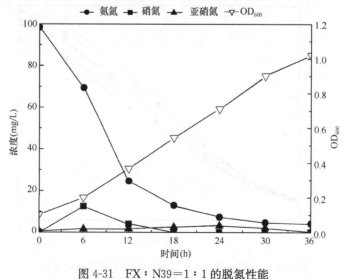

图 4-31　FX：N39＝1：1 的脱氮性能

Fig. 4-31　Denitrification characteristics of FX：N39＝1：1

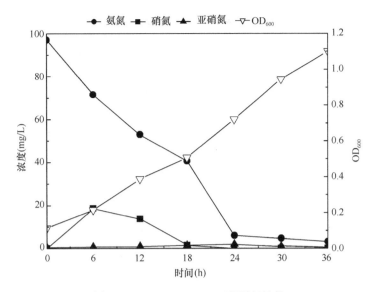

图 4-32　FX∶N39＝1∶3 的脱氮性能

Fig. 4-32　Denitrification characteristics of FX∶N39 ＝1∶3

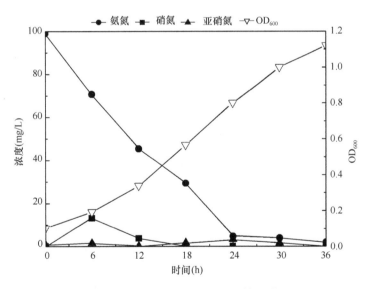

图 4-33　FX∶N39＝3∶1 的脱氮性能

Fig. 4-33　Denitrification characteristics of FX∶N39＝3∶1

由图 4-31 可知，1∶1 比例的 FX 与 N39 混合菌株经过 6h 的缓慢期后，进入对数期，36h 反应结束后 OD_{600} 达到 1.020。反应 36h 后氨氮浓度降至 4.09mg/L，在整个脱氮过程中，出现少量的 NO_3^--N 积累，18h 后 NO_3^--N 浓度为 0mg/L，而无 NO_2^--N 积累，脱氮率达到 95.57%。

由图 4-32 可知，1∶3 比例的 FX 与 N39 混合菌株经过 6h 的缓慢期，才开始进入对数期，36h 反应结束后 OD_{600} 为 1.101。经过 36h 脱氮反应后氨氮浓度从 97.05mg/L 降至 3.02mg/L，而存在少量的 NO_3^--N 积累，24h 后 NO_3^--N 浓度降至 0mg/L，无 NO_2^--N 氮

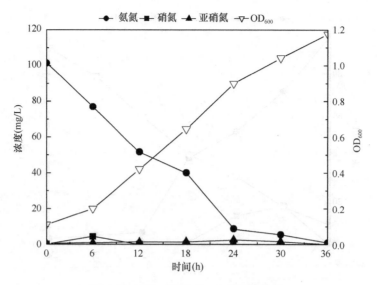

图 4-34 FX：N39＝1：5 的脱氮性能

Fig. 4-34 Denitrification characteristics of FX：N39 ＝1：5

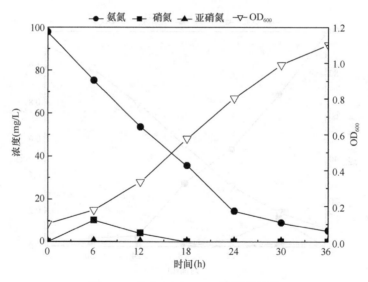

图 4-35 FX：N39＝5：1 的脱氮性能

Fig. 4-35 Denitrification characteristics of FX：N39 ＝5：1

积累，脱氮率达到 96.89％。由图 4-33 可知，3：1 比例的 FX 与 N39 混合菌株经过 6h 的缓慢期后，进入对数期，36h 反应结束后 OD_{600} 达到 1.121。反应 36h 后氨氮浓度从 98.93mg/L 降至 1.94mg/L，同时出现少量的 $NO_3^- \text{-N}$ 积累。18h 后，$NO_3^- \text{-N}$ 浓度为 0mg/L，不存在 $NO_2^- \text{-N}$ 积累，脱氮率为 98.04％。由图 4-34 可知，1：5 比例的 FX 与 N39 混合菌株经过 6h 的缓慢期后，进入对数期，36h 反应结束后 OD_{600} 达到 1.176。经过 36h 反应后，氨氮浓度从 101.35mg/L 降至 0.87mg/L，同时存在少量的 $NO_3^- \text{-N}$ 氮积累。第 12h，$NO_3^- \text{-N}$ 浓度为 0mg/L，无 $NO_2^- \text{-N}$ 积累，脱氮率达到 99.14％。由图 4-35 可知，

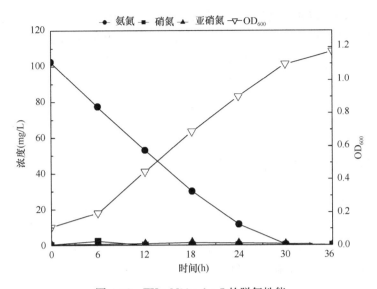

图 4-36　FX∶N39＝1∶7 的脱氮性能

Fig. 4-36　Denitrification characteristics of FX∶N39＝1∶7

5∶1 比例的 FX 与 N39 混合菌株经过 6h 的缓慢期后，进入对数期，36h 反应结束后 OD_{600} 达到 1.102。氨氮浓度降至 5.16mg/L，在降解氨氮过程中，无 $NO_3^- -N$ 和 $NO_2^- -N$ 积累，反应结束后，脱氮率达到 94.61％。由图 4-36 可知，1∶7 比例的 FX 与 N39 混合菌株经过 6h 的缓慢期后，进入对数期。36h 反应结束后，OD_{600} 达到 1.175。在整个反应过程中，氨氮浓度从 102.43mg/L 降至 0.06mg/L，而不存在 $NO_3^- -N$ 和 $NO_2^- -N$ 积累，36h 后，脱氮率高达 99.79％。

（2）普通耐盐菌、耐盐反硝化菌与耐盐硝化菌混合培养的 COD 降解能力

由图 4-37 可知，经过 36h 培养后，按 1∶1、1∶3、3∶1、1∶5、5∶1、1∶7 的比例

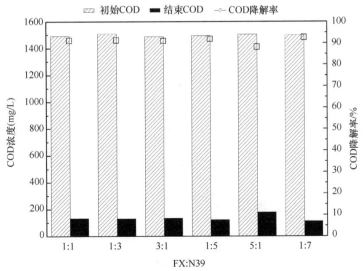

图 4-37　不同比例下 FX 与 N39 混合菌株的 COD 降解能力

Fig. 4-37　COD removal efficiency of FX and N39 at different proportions

复配后的 FX 与 N39，COD 降解率都达到 88％以上。其中，1∶5 比例的 FX 与 N39 的混合菌株的 COD 降解率为 91.89％，1∶7 比例的 FX 与 N39 的混合菌株的 COD 降解率最高，为 92.58％。在培养过程中需要大量的碳源，碳源被利用于混合菌株的生长过程和脱氮过程。培养 36h 后，脱氮率越大，消耗碳源越多，COD 降解量越大。

考虑经济效益，最终获得由 1∶1∶10∶60 比例的 F3∶F5∶X23∶N39 组成的耐盐脱氮复合菌剂。

4.4 C/N 对耐盐脱氮复合菌剂脱氮性能的影响

微生物在培养过程中需要大量氮源和碳源。氮源主要用于微生物的生长和含氮代谢物的合成，而碳源提供微生物的生长、呼吸和反硝化过程中所必需的能源。因此，进水的 C/N 是影响脱氮系统除氮效果的关键因素之一，尤其是适宜的 C/N，是保证有效的反硝化反应的必要条件[102]。由于初始 NO_3^--N 浓度和 NO_2^--N 浓度均低于 0.7mg/L，可忽略不计。

4.4.1 不同 C/N 对耐盐脱氮复合菌剂的脱氮性能的影响

C/N 是影响复合菌剂脱氮反应的一个重要因素，研究认为 C/N 过高会导致硝化反应的速率降低，而 C/N 过低会使硝化反应时间过长从而抑制反硝化反应的进行[103]。因此合适的 C/N 是进行脱氮反应的必要条件之一。本试验中，控制初始氨氮浓度在 100mg/L 左右，使 C/N 分别为 3∶1、5∶1、10∶1、15∶1、20∶1，将对数期的耐盐脱氮复合菌剂按 6％的接种量接种至盛有 400mL 模拟海水的三角瓶中，于 30℃、转速 125r/min 的恒温振荡培养箱中培养 36h，每 6h 取一次样，检测氨氮、NO_2^--N 和 NO_3^--N 三个指标。图 4-40 和图 4-41 分别为在不同 C/N 下耐盐脱氮复合菌剂的生长情况和脱氮效果。

由图 4-38 可知，在进水 C/N 为 3∶1、5∶1、10∶1 的情况下，耐盐脱氮复合菌剂生

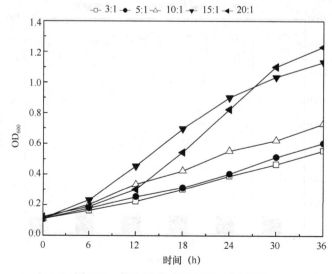

图 4-38 C/N 对复合菌剂生长的影响

Fig. 4-38 Effect of C/N on the growth of complex microbial inoculants

长较缓慢，接种 36h 时 OD_{600} 分别达到 0.554、0.603 和 0.73，细胞生长量分别达到 0.087g/L、0.097g/L 和 0.122g/L；C/N 为 15∶1、20∶1 时，耐盐脱氮复合菌剂生长十分旺盛，接种 36h 后 OD_{600} 分别为 1.132 和 1.231，细胞生长量分别为 0.204g/L 和 0.222g/L。研究表明，随着 C/N 的升高，耐盐脱氮复合菌剂的细胞生长量增加，当 C/N 达到 15∶1 以上时，耐盐脱氮复合菌剂可增殖 10 倍以上。微生物在生长过程中需要大量碳源，当碳源不充足时，会抑制微生物生长繁殖[107]，进而影响氨氮去除效果。而 C/N 过高，会造成不必要的碳源浪费，提高后续处理负荷。因此，该耐盐脱氮复合菌剂最佳 C/N 为 15∶1。

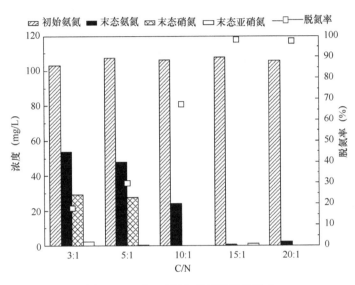

图 4-39　C/N 对复合菌剂脱氮的影响

Fig. 4-39　Effect of C/N ratio on the denitrification performance of complex microbial inoculants

随着 C/N 的升高，耐盐脱氮复合菌剂的脱氮率显著提高。由图 4-39 可知，在 C/N 为 3∶1 和 5∶1 的情况下，脱氮效果不理想，脱氮率仅达到 18.01% 和 29.83%，有 51.81% 和 47.33% 的氨氮未被降解，COD 去除率分别为 96.70% 和 93.21%，说明碳源严重不足，会使反硝化反应无法正常进行；同时，$NO_3^- $-N 的积累会降低硝化反应的速率，导致大量氨氮剩余。当 C/N 为 10∶1 时，脱氮效果明显升高，脱氮率为 67.54%，不存在 $NO_3^- $-N、$NO_2^- $-N 的积累，说明增加碳源，满足了反硝化反应对碳源的需求，有 22.83% 氨氮未被降解，说明耐盐脱氮复合菌剂的硝化反应速率低于反硝化反应速率，这是因为硝化细菌为自养菌，与反硝化细菌相比生长缓慢，在营养物不足时，硝化细菌增殖会受到异养菌的严重抑制，导致硝化细菌活性降低，硝化速率下降。C/N 提高到 15∶1 时，接种 36h 后脱氮率高达 98.40%，氨氮浓度降低至 1mg/L 以下，脱氮效果十分显著，COD 去除率达到 92.89%。进一步提高 C/N 到 20∶1，脱氮率仍维持在 98% 左右，而 COD 去除率下降至 80.12%，这是因为碳源过剩未被完全利用。研究表明脱氮效果随着 C/N 升高而提高，初始碳源越充足，耐盐脱氮复合菌剂的生长效果越好，脱氮率越高。本试验中当 C/N 大于 15 时，脱氮率没有进一步升高，继续增加 C/N 将导致碳源不必要的浪费。因此结合耐盐脱氮复合菌剂的生长速度和脱氮效果，确定耐盐脱氮复合菌剂的最佳的 C/N 为 15∶1。Chiu 等[104]研究发现在 C/N 分别为 11∶1 和 19∶7 情况下，脱氮率分别达到 98.7％和 97.1％；Pochana 和 Kellerm[105]研究在 C/N 为 14.5∶1 时，脱氮率为 80％，与本研究结果相近。在同步硝化反硝化系统中实现高效脱氮，不仅要求硝化反应和反硝化反应趋于平衡，也需要较高的硝化速率与反硝化速率[106]。

4.4.2　不同初始氨氮浓度对耐盐脱氮复合菌剂的脱氮性能的影响

在 C/N 为 15∶1、以氯化铵为唯一氮源、乙酸钠为唯一碳源、初始氨氮浓度分别为 30mg/L、50mg/L、100mg/L、200mg/L 左右，盐度为 3％的条件下，将对数期的耐盐脱氮复合菌剂按 6％的接种量接种到盛有 400mL 模拟海水的三角瓶中，于恒温振荡培养箱中，在 30℃、转速 125r/min 的条件下培养，检测氨氮 NO_2^--N 和 NO_3^--N 三个指标。

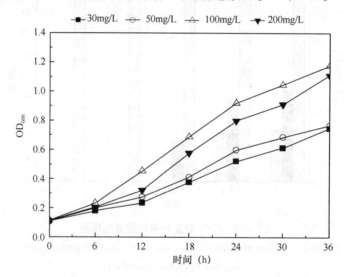

图 4-40　C/N 一定时初始氨氮浓度对复合菌剂生长的影响

Fig. 4-40　Effect of initial NH_4^+-N on the growth of complex microbial inoculants under the same C/N

由图 4-40 可知，在初始氨氮浓度为 100mg/L 左右和 200mg/L 左右时，耐盐脱氮复合菌剂生长旺盛，反应 36h 后 OD_{600} 分别为 1.176 和 1.109，细胞生长量分别为 0.212g/L 和 0.2g/L。在初始氨氮浓度为 30mg/L 左右和 50mg/L 左右时，耐盐脱氮复合菌剂生长缓慢，接种 36h 后 OD_{600} 分别为 0.745 和 0.767，细胞生长量分别为 0.126g/L 和 0.130g/L。研究表明，C/N 一定时，初始氨氮浓度越高，初始 COD 越高，碳源越充足，在微生物生长过程中需要消耗大量的碳源，充足的碳源可以保证微生物的生长需求，因此在初始氨氮浓度为 100mg/L 左右和 200mg/L 左右时，耐盐脱氮复合菌剂生长效果明显高于其他，但当碳源达到一定时，已满足微生物生长的需求，继续增加碳源，未被微生物生长所利用，导致一定的碳源浪费。

由图 4-41 可知，在初始氨氮浓度为 30mg/L 左右和 50mg/L 左右的情况下，脱氮效果较差，脱氮率分别为 64.09％和 89.16％，分别有 32.84％和 10.65％的氨氮未被降解，这是由于碳源不充足，导致反应无法正常进行，造成氨氮的剩余，不存在 NO_3^--N 和

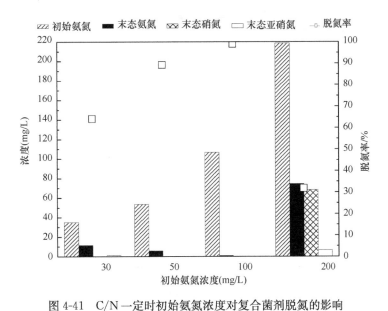

图 4-41 C/N 一定时初始氨氮浓度对复合菌剂脱氮的影响

Fig. 4-41 Effect of initial NH_4^+-N on the denitrification performance of complex microbial inoculants under the same C/N

NO_2^--N 积累。当初始氨氮浓度升高到 100mg/L 左右时,耐盐脱氮复合菌剂脱氮效果明显提高,脱氮率高达 98.92%,仅有 0.87mg/L 氨氮未被降解,没有发现 NO_3^--N 和 NO_2^--N 的积累。当初始氨氮浓度达到 200mg/L 左右时,脱氮效果明显下降,脱氮率仅为 31.76%,34.08% 的氨氮未被降解,有 68.26mg/L NO_3^--N 未被降解,存在少量的 NO_2^--N 积累,这是因为初始氨氮浓度过高,而反应过程中大量的 NO_3^--N 的积累抑制了硝化反应的进行,造成大量氨氮未被降解。研究表明,当 C/N 一定时,初始氨氮浓度越高,碳源越充足,脱氮效果越明显,而当初始氨氮浓度超过 100mg/L 时,脱氮率降低,因此,耐盐脱氮复合菌剂不适宜降解初始氨氮浓度高于 100mg/L 的高盐废水。

4.5 盐度对耐盐脱氮复合菌剂脱氮性能的影响

本试验采用的耐盐脱氮复合菌剂是从盐度为 3% 的废水处理工艺中筛选复配得到的,具有一定的耐盐特性。为了进一步明确耐盐脱氮复合菌剂的盐度耐受范围,本试验通过添加 NaCl 调节盐度范围在 0%～7%,考察耐盐脱氮复合菌剂在不同盐度下的生长情况和脱氮效果。本试验中,在初始氨氮浓度为 100mg/L 左右、氯化铵为唯一氮源、乙酸钠为唯一碳源、盐度(以 NaCl 计)分别为 0%、3%、5%、7% 的条件下,将对数期的耐盐脱氮复合菌剂按 6% 的接种量接种到盛有 400mL 模拟海水的三角瓶中,于恒温振荡培养箱中,在 30℃、转速 125r/min 的条件下培养,检测氨氮、NO_2^--N 和 NO_3^--N 三个指标。

由图 4-42 可知,在盐度为 3% 情况下,耐盐脱氮复合菌剂生长最旺盛,接种 36h 后 OD_{600} 达到 1.215,细胞生长量为 0.212g/L,明显高于其他盐度下的细胞生长量。在盐度为 5% 和 7% 的情况下,耐盐脱氮复合菌剂生长曲线类似,OD_{600} 分别达到 1.027 和 1.011,细胞生长量分别为 0.176g/L 和 0.141g/L。而在盐度为 0 的环境下,耐盐脱氮复合菌剂生

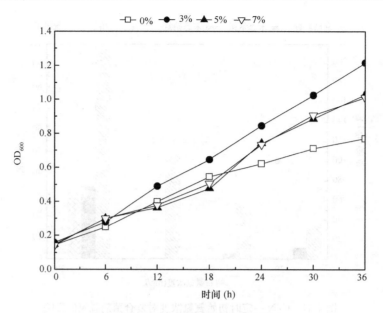

图 4-42　盐度对复合菌剂生长的影响

Fig. 4-42　Effect of salinity on the growth of complex microbial inoculants

长效果缓慢，36h 培养结束时 OD_{600} 仅为 0.770，细胞生长量仅为 0.124g/L。研究表明耐盐脱氮复合菌剂具有一定耐盐性，需在一定的盐度条件下才能良好的生长，而对较高的盐度条件具有一定的适宜性。

　　如图 4-43 所示，在盐度范围为 3% ～ 7% 的条件下，脱氮率均达到 90% 以上。特别是当盐度为 3% 时，反应结束后氨氮浓度仅为 2.21mg/L，脱氮率高达 98.03%，未发现 $NO_3^- $-N 和 $NO_2^- $-N 的积累。随着 NaCl 含量的提高，脱氮效果有所降低，在盐度为 5% 和

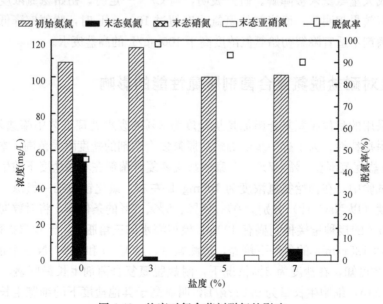

图 4-43　盐度对复合菌剂脱氮的影响

Fig. 4-43　Effect of salinity on the denitrification performance of complex microbial inoculants

7％的情况下，脱氮效果略降低，脱氮率分别达到 93.14％ 和 90.14％，不存在 $NO_3^- -N$ 的积累，但发现少量的 $NO_2^- -N$ 积累。这是因为随着盐浓度的升高，微生物呼吸速率和酶活性降低[107-108]，进而影响氨氮的去除率。在无盐条件下，耐盐脱氮复合菌剂的脱氮效果最不理想，脱氮率仅为 45.86％，此时有 58.36mg/L 的氨氮未被降解。这是由于构建耐盐脱氮复合菌剂的菌株都是从处理高盐废水的成熟污泥中分离筛选得到的，因此该耐盐脱氮复合菌剂具有良好的耐盐性能，最适盐度为 3％；同时，对高盐环境具有较强的适应性，但不适宜在无盐条件下生长和降解污染物。

4.6　pH 对耐盐脱氮复合菌剂脱氮性能的影响

pH 影响硝化反应速率和反硝化反应速率，当 pH 偏离适宜值时，硝化速率与反硝化速率会降低，抑制氨氮的降解。本试验采用的耐盐脱氮复合菌剂是由普通耐盐菌（*Halomonas sp.*）、耐盐硝化菌（*Bacillus sp.*）和耐盐反硝化菌（*Halomonas sp.*）构建的，而硝化细菌对 pH 的变化非常敏感，其适宜的 pH 为 6～7.5[109]，反硝化细菌的适宜 pH 为 6.5～7.5。在 pH 低于 6 或高于 8 的情况下，反硝化速率将大幅度降低[110]。在硝化反应过程中需要消耗碱度，而在反硝化反应过程中则产生碱度，为了使硝化反应过程中消耗的碱度与反硝化过程中产生的碱度达到平衡，脱氮效果最理想，脱氮率最高，因此，寻找同步硝化反硝化生物脱氮过程的最适 pH 是必要的[111]。本研究通过添加 NaOH 和 HCl 的方法控制 pH 分别为 5、6、7、8、9，考察不同 pH 环境下对耐盐脱氮复合菌剂的生长和脱氮的影响。本试验，在初始氨氮浓度为 100mg/L 左右、以氯化铵为唯一氮源、乙酸钠为唯一碳源、盐度为 3％ 的条件下，将对数期的耐盐脱氮复合菌剂按 6％ 的接种量接种到盛有 400mL 模拟海水的三角瓶中，于恒温振荡培养箱中，在 30℃、转速 125r/min 的条件下培养，检测氨氮、亚硝氮和 $NO_3^- -N$ 三个指标。

由图 4-44 可知，在 pH 为 7 的环境下，耐盐脱氮复合菌剂生长效果最理想，接种 36h 后 OD_{600} 为 1.111，细胞生长量达到 0.200g/L。在 pH 为 6 和 8 的情况下，耐盐脱氮复合菌剂生长效果略降低，OD_{600} 分别为 0.478 和 0.656，细胞生长量分别为 0.073g/L 和 0.109g/L。当 pH 为 5 和 9 时，耐盐脱氮复合菌剂生长十分缓慢，接种 36h 后 OD_{600} 分别仅为 0.277 和 0.243，细胞生长量分别仅为 0.026g/L 和 0.025g/L。研究表明，耐盐脱氮复合菌剂适宜在中性环境生长。

由图 4-45 可知，当 pH 分别为 5 和 9 时，脱氮反应受到明显抑制，脱氮效果明显下降，反应结束后分别有 99.74mg/L 和 96.25mg/L 的氨氮未被降解，有少量 $NO_3^- -N$ 积累，没有发现 $NO_2^- -N$ 积累，脱氮率仅为 2.31％ 和 8.56％。在 pH 分别为 6 和 8 的情况下，反应 36h 后分别有 77.98mg/L 和 21.29mg/L 氨氮未被降解，同时存在 20.06mg/L 和 29.26mg/L 的 $NO_3^- -N$ 积累，不存在 $NO_2^- -N$ 积累，脱氮效果有所提升，脱氮率分别达到 20.25％ 和 56.78％。当 pH 调节到 7 时，脱氮效果最佳，反应 36h 后氨氮浓度仅为 1.13mg/L，反应过程中未发现 $NO_3^- -N$ 和 $NO_2^- -N$ 积累，脱氮率最高，为 98.76％。因此该耐盐脱氮复合菌剂最适宜的 pH 为 7。

由此可知，pH 变化对耐盐脱氮复合菌剂的影响很大，其最适宜的 pH 在 7 左右，而耐盐脱氮复合菌剂在碱性条件下的脱氮效果明显高于酸性条件下，因此可知最适宜

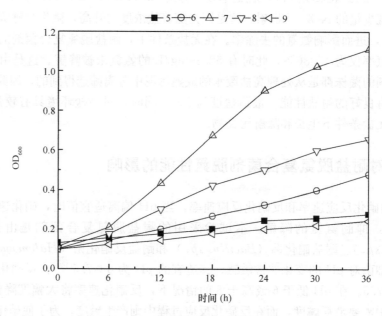

图 4-44　pH 对复合菌剂生长的影响

Fig. 4-44　Effect of pH on the growth of complex microbial inoculants

的 pH 范围在 7~8。当 pH 偏离这一范围时，脱氮效果明显下降。邹联沛等[112]研究无盐条件下的同步硝化反硝化最适 pH 为 7.5 左右，李军等[113]研究无盐条件下的耐冷反硝化菌最适 pH 为 7.5，马会强等[47]研究发现降解硝基苯的复合菌剂最适 pH 范围为6.0~7.0。

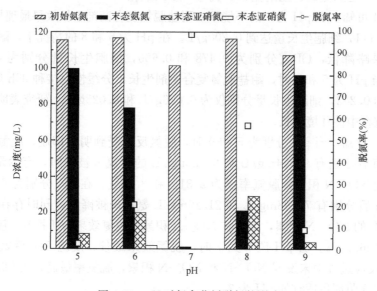

图 4-45　pH 对复合菌剂脱氮的影响

Fig. 4-45　Effect of pH on the denitrification of complex microbial inoculants

4.7　温度对耐盐脱氮复合菌剂脱氮性能的影响

温度对微生物的生长繁殖和硝化反硝化速率有着重要的影响，在温度范围为 4～45℃ 时硝化反应可以进行，而其适宜的温度范围为 20～35℃。在温度低于 15℃ 的情况下，硝化反应速率降低。而反硝化反应最适宜的温度范围为 15～35℃。在温度低于 10℃ 的环境下，反硝化反应速率明显下降[114]。为了获得同步硝化反硝化反应的最适宜温度，本研究考察了在 25℃、30℃、35℃ 三个不同温度条件下，耐盐脱氮复合菌剂的生长效果和脱氮性能。本试验中，在初始氨氮浓度为 100mg/L 左右、以氯化铵为唯一氮源、乙酸钠为唯一碳源、pH 为 7，盐度为 3% 的条件下，按 6% 的接种量将对数期的耐盐脱氮复合菌剂接种到盛有 400mL 模拟海水的三角瓶中，于恒温振荡培养箱中，在转速 125r/min 的条件下培养，检测氨氮、$NO_2^- \text{-N}$ 和 $NO_3^- \text{-N}$ 三个指标。

由图 4-46 可知，在温度为 30℃ 的情况下，耐盐脱氮复合菌剂生长旺盛，培养 36h 后 OD_{600} 为 1.378，细胞生长量最大，高达 0.247g/L。在 25℃ 和 35℃ 的条件下，生长曲线相似，接种 36h 后 OD_{600} 分别为 1.214 和 1.147，细胞生长量分别达到 0.216g/L 和 0.203g/L。当温度偏离 30℃ 时，耐盐脱氮复合菌剂生长效果有所下降。

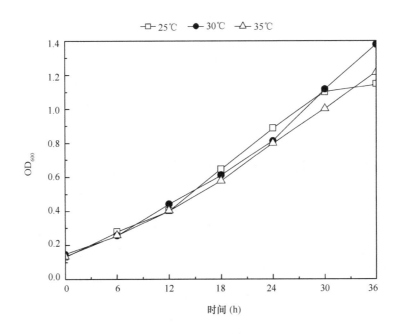

图 4-46　温度对复合菌剂生长的影响

Fig. 4-46　Effect of temperature on the growth of complex microbial inoculants

如图 4-47 所示，在温度为 30℃ 时，脱氮率最高，达到 97.74%，不存在 $NO_3^- \text{-N}$ 和 $NO_2^- \text{-N}$ 积累，反应结束后氨氮浓度低于 3mg/L。当温度升高至 35℃ 时，脱氮率略有下降，为 93.26%，有少量的 $NO_2^- \text{-N}$ 积累，无 $NO_3^- \text{-N}$ 积累，但反应结束后氨氮浓度低于 4mg/L。当温度降低至 25℃ 时，脱氮效果稍微下降，脱氮率为 86.43%，无 $NO_3^- \text{-N}$ 和

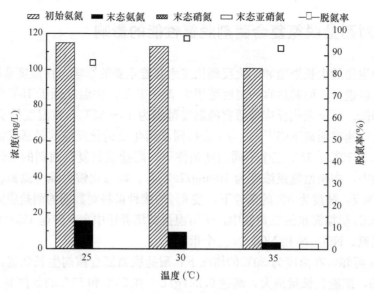

图 4-47　温度对复合菌剂脱氮的影响

Fig. 4-47　Effect of temperature on the denitrification of complex microbial inoculants

NO_2^--N 积累，反应末仍然有 15.64mg/L 氨氮没有被降解。研究表明，当温度低于或高于 30℃的时候，脱氮率均有所下降，温度的变化直接影响微生物的生长繁殖和酶活性，导致在不同温度条件下复合菌剂脱氮性能的差异，因此温度在污染物的降解过程中起着关键作用。本试验中，在温度范围 30～35℃下，耐盐脱氮复合菌剂的脱氮效率均达到 93％以上，反应结束后氨氮浓度低于 4mg/L，因此该耐盐脱氮复合菌剂的最适温度范围为 30～35℃，而其最适温度为 30℃。

4.8　优化条件下的耐盐脱氮复合菌剂脱氮性能

为了进一步验证优化条件下耐盐脱氮复合菌剂的脱氮性能，考察初始氨氮浓度为 100mg/L 左右、控制 C/N 为 15∶1、盐度为 3％（以 NaCl 计）、pH 为 7、温度为 30℃的优化条件下，耐盐脱氮复合菌剂的生长和脱氮性能，试验结果见图 4-48。

由图 4-48 可知，耐盐脱氮复合菌剂生长快速，接种 36h 后 OD_{600} 达到 1.177，细胞生长量为 0.213g/L，脱氮效果理想，脱氮率高达 98.57％，反应过程中氨氮浓度快速降低，反应 36h 后氨氮浓度降低至 1mg/L 以下，符合一级 A 排放标准，在同步硝化反硝化反应过程中，始终无亚硝氮积累。Richardson 等[115]提出的异养硝化模型认为，在氨单加氧酶（AMO）的作用下氨氮被氧化为 NH_2OH。然后，NH_2OH 经由两个途径降解：一个是转化为 NO_2^-、NO 和 N_2O；另一个是直接转化为 N_2O。此外，NO_2^--N 在硝化细菌和氧的共同作用下能够转化为 NO_3^--N，这可能是反应过程中硝氮浓度出现上下波动的原因。反应结束后，NO_3^--N 被完全降解，说明在优化条件下（初始氨氮浓度为 100mg/L、C/N 为 15∶1、盐度为 3％、pH 为 7、温度为 30℃），耐盐脱氮复合菌剂的脱氮效果最理想。

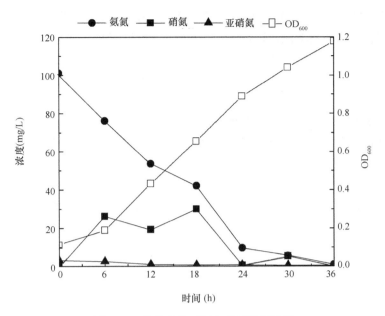

图 4-48　优化条件下复合菌剂脱氮性能

Fig. 4-48　Denitrification characteristics of complex microbial inoculants at the optimization condition

4.9　小结

从反应器的成熟耐盐活性污泥中筛选分离得到耐盐反硝化菌（Halomonas sp.）、耐盐硝化菌（Bacillus sp.）和普通耐盐菌（Halomonas sp.）35 株，优选出其中两株耐盐反硝化菌（Halomonas sp.）F3 和 F5、耐盐硝化菌（Bacillus sp.）X23 和普通耐盐菌（Halomonas sp.）N39 进行复配，获得高效耐盐脱氮复合菌剂，并研究其生长特性、脱氮特性和 COD 降解特性。对耐盐脱氮复合菌剂的影响因素进行研究，考察 C/N、盐度、pH、温度对耐盐脱氮复合菌剂的生长特性和脱氮能力的影响，获得主要结论如下：

（1）分别将 F2 与 F3、F5 与 F10、F3 与 F5 按 1∶1、1∶3、3∶1、1∶5、5∶1 的比例复配后，在降解 NO_3^--N 的过程中，出现明显的 NO_2^--N 积累，反应结束后其脱氮率均低于单一菌株的脱氮率，因此两菌株间相互抑制，属于拮抗关系。其中 F3 与 F5 混合菌株的脱氮率高于 F2 与 F3 混菌株、F5 与 F10 混菌株，而 1∶1 的比例下 F3 与 F5 的脱氮率最高，为 84.27％。

（2）经过 42h 反应后，1∶1、1∶3、3∶1、1∶5、5∶1、1∶7 的比例复配 FH 与 X23 混合菌株能较好地降解氨氮，并出现少量 NO_3^--N 积累，无 NO_2^--N 积累，反应结束后脱氮率分别达到 96.28％、98.95％、92.39％、99.58％、90.47％、99.33％，同时降解 COD，降解率在 90％～94％范围内，其中 1∶5 的比例下 FH 与 X23 的脱氮率最高。由于按 1∶1、1∶3、3∶1、1∶5、5∶1、1∶7 比例复配后的 FH 与 X23 混合菌株的培养时间远远低于 FH、X23 单独培养时间，由此可知 FH 与 X23 之间相互促进。

（3）FX 与 N39 按 1∶1、1∶3、3∶1、1∶5、5∶1、1∶7 的比例复配后，在反应 36h 后脱氮率分别达到 95.57％、96.60％、95.40％、99.02％、94.60％、99.79％，其 COD

降解率范围在 88％～92％之间。其中 1：5 与 1：7 的比例下 FX 与 N39 的脱氮率都达到 99％以上，综合经济利益考虑，选择 1：5 比例下 FX 与 N39，同时可知在接种量相同条件下提高 FX 所占比例，脱氮率都降低；而 N39 所占比例越大，脱氮率越大。在降解氨氮过程中，几乎没有亚硝氮积累，只有少量 NO_3^--N 积累。由于 1：1、1：3、3：1、1：5、5：1、1：7 比例复配后的 FX 与 N39 混合菌株的培养时间远远低于 FH 与 X23 混合培养时间，由此可知 FX 与 N39 之间相互促进。

（4）综合考虑去除效果和经济指标，确定耐盐脱氮复合菌剂的组成 F3：F5：X23：N39 为 1：1：10：60。在初始氨氮浓度为 100mg/L 时，最适 C/N 为 15：1，最适盐度为 3％（以 NaCl 计），最适 pH 为 7，最适温度为 30℃。在上述优化条件下，耐盐脱氮复合菌剂的脱氮效率高达 98.57％，并具有同步硝化反硝化能力，反应过程中无亚硝氮积累。

第 5 章 高盐废水生物强化脱氮系统构建及 其脱氮效果研究

在第 4 章的研究中，考察了利用优选的普通耐盐菌、耐盐硝化菌、耐盐反硝化菌构建得到的耐盐脱氮复合菌剂的最适生长条件，并将其投加到人工模拟高盐含氮废水中，取得了良好的脱氮效果。本章将耐盐脱氮复合菌剂投加到 SBR 工艺中，以未投加耐盐脱氮复合菌剂的系统为对照，对比分析生物强化系统与对比系统的脱氮效果和系统稳定性。首先，采用响应曲面法分析初始氨氮浓度、C/N、投加量三因素对脱氮效果的影响，确定系统最佳启动条件；在 SBR 活性污泥系统中进行小试，考察耐盐脱氮复合菌剂对高盐废水生物脱氮的强化效果以及盐度冲击对强化系统处理效果和稳定性的影响。

5.1 响应曲面法优化 SBR 工艺的启动条件

响应曲面法是利用合理的试验设计方法并通过试验得到一定数据，采用多元二次回归方程来拟合因素与响应值之间的函数关系，通过对回归方程的分析来寻求最优工艺参数，解决多变量问题的一种统计方法。应用耐盐脱氮复合菌剂对高盐废水处理系统进行生物强化时，最初的启动过程尤为重要，它直接影响着后续处理过程的效果。因此，本研究采用响应曲面法 Response Surface Methodology（RSM）分析初始氨氮浓度、C/N、投加量三个因素对脱氮效果的交互影响，从而获得最佳启动条件。其中，投加量是指将复合菌剂投加到 MLSS 浓度为 2500mg/L 左右的活性污泥系统的体积比。根据 Box-Behnken design（BBD）中心组合试验设计原理，在单因素试验的基础上，分别选取初始氨氮浓度、C/N、投加量 3 个因素的 3 个水平进行响应面分析[116]，考察其对耐盐脱氮复合菌剂脱氮率的影响。本试验中，变量编码值与实际值的对照关系如表 5-1 所示。表 5-2 给出了上述编码值与其相对应的参数值。

实际值与编码值的对照   表 5-1

Uncoded and coded values of the experimental variables   Table 5-1

自变量	编码值		
	−1	0	+1
初始氨氮浓度（mg/L）	50	125	200
C/N	10	15	20
投加量（%）	5	10	15

响应曲面的 BBD 设计及试验值

表 5-2

Response surface BBD and experimental values

Table 5-2

试验分组	初始氨氮浓度编码值	C/N 编码值	投加量编码值	脱氮率(%)
1	0.000	0.000	0.000	96.29
2	−1.000	0.000	−1.000	85.27
3	−1.000	1.000	0.000	81.07
4	0.000	0.000	0.000	96.09
5	0.000	1.000	−1.000	93.27
6	0.000	1.000	1.000	90.99
7	−1.000	−1.000	0.000	67.60
8	0.000	0.000	0.000	96.12
9	0.000	−1.000	1.000	92.46
10	0.000	0.000	0.000	96.02
11	1.000	−1.000	0.000	50.66
12	1.000	0.000	1.000	62.47
13	1.000	1.000	0.000	51.47
14	0.000	0.000	0.000	96.09
15	1.000	0.000	−1.000	62.33
16	−1.000	0.000	1.000	84.42
17	0.000	−1.000	−1.000	91.12

根据 Box-Behnken design 中心组合试验设计原理，选取初始氨氮浓度、C/N、投加量 3 个因素的 3 个水平进行响应面分析，选用二次通用旋转组合设计，其数学模型为：

$$Y = b_0 + b_1 A + b_2 B + b_3 C + b_{11} A^2 + b_{22} B^2 + b_{33} C^2 + b_{12} AB + b_{13} AC + b_{23} BC \tag{5-1}$$

应用 design-export 8.06 软件，对表 5-2 中的试验数据进行多项式拟合回归，建立回归方程如下：

$$Y = 96.12 - 11.43A + 1.87B - 0.21C - 3.16AB + 0.25AC - 0.91BC$$
$$- 25.88A^2 - 7.54B^2 + 3.38C^2 \tag{5-2}$$

式中，脱氮率（Y）为因变量，初始氨氮浓度（A）、C/N（B）、投加量（C）为自变量，该回归方程的方差分析（ANOVA）见表 5-3。

脱氮率模型的方差分析

表 5-3

Analysis of ANOVA of the model of denitrification

Table 5-3

方差来源	平方和 SS	自由度 DF	均方 MS	F 值	P 值（$Pr < F$）
模型	4281.48	9	475.72	141.66	<0.0001
A	1044.93	1	1044.93	311.16	<0.0001
B	27.98	1	27.98	8.33	0.0234
C	0.34	1	0.34	0.10	0.7595

续表

方差来源	平方和 SS	自由度 DF	均方 MS	F 值	P 值（Pr<F）
AB	40.07	1	40.07	11.93	0.0106
AC	0.25	1	0.25	0.073	0.7949
BC	3.28	1	3.28	0.98	0.3562
A^2	2820.05	1	2820.05	839.74	<0.0001
B^2	239.52	1	239.52	71.32	<0.0001
C^2	48.11	1	48.11	14.33	0.0068
残差	23.51	7	3.36		
总离差	4304.99	16			

概率值（$Pr>F$）<0.05 为显著项，则表中 A、B、AB、A^2、B^2、C^2 项是显著的，$R^2=99.45$，说明响应值（脱氮率）来源于所选的变量，即初始氨氮浓度、C/N、投加量。因此，该回归方程能够真实描述各影响因素与响应值（脱氮率）之间的真实关系，可以利用该回归方程确定最佳脱氮率条件。

响应曲面法图形是特定的对应因素构成的三维空间在二维平面上的等高图，可以直观的反应各因素对响应值的影响，从试验所得的响应面分析图上可以找到它们在反应过程中的交互作用[117]。根据回归方程绘制 $Y=f(A, B)$，$Y=f(B, C)$，$Y=f(A, C)$ 等高线分析图和响应面图，如图 5-1～图 5-6 所示，自变量（初始氨氮浓度、C/N、投加量）均对脱氮率产生影响，这几个因素都不是越大或越小，越利于脱氮率的提高，而是存在于一定范围内产生最好的脱氮效果。由 BBD 分析得到的脱氮率 Y 达到最大响应值时，初始氨氮浓度、C/N、投加量的取值分别为 121.51 mg/L、14.95、5.4%，脱氮率达到 99.63%。

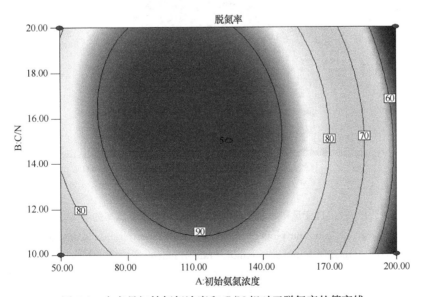

图 5-1 自变量初始氨氮浓度和 C/N 相对于脱氮率的等高线

Fig. 5-1 Contour plots of initial NH_4^+-N concentration and C/N relative to nitrogen removal rate in independent variables

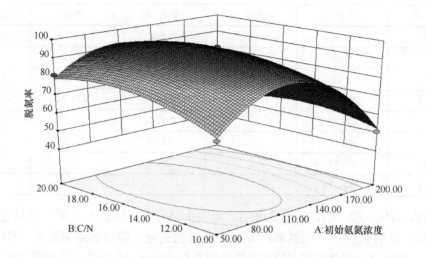

图 5-2　自变量初始氨氮浓度和 C/N 相对于脱氮率的响应曲面

Fig. 5-2　Response surface of initial NH_4^+-N concentration and C/N

relative to nitrogen removal rate in independent variables

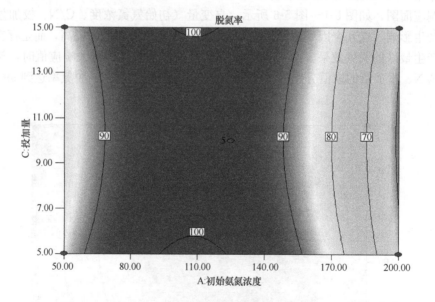

图 5-3　自变量初始氨氮浓度和投加量相对于脱氮率的等高线

Fig. 5-3　Contour plots of initial NH_4^+-N concentration and dosage

relative to nitrogen removal rate in independent variables

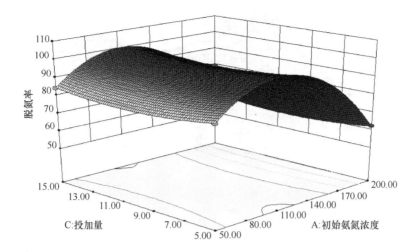

图 5-4 自变量初始氨氮浓度和投加量相对于脱氮率的响应曲面

Fig. 5-4 Response surface of initial NH_4^+ -N concentration and dosage relative to nitrogen removal rate

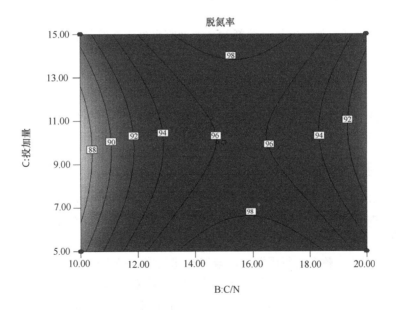

图 5-5 自变量 C/N 和投加量相对于脱氮率的等高线

Fig. 5-5 Contour plots of independent variable C/N and feed amount relative to nitrogen removal rate

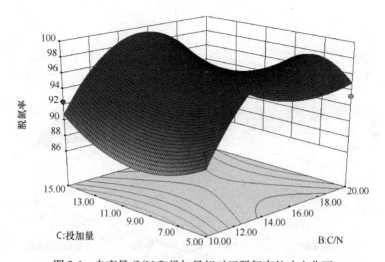

图 5-6　自变量 C/N 和投加量相对于脱氮率的响应曲面

Fig. 5-6　Response surface of independent variable C/N and feed amount

relative to nitrogen removal rate

5.2　强化系统与对比系统的脱氮特性比较

为了进一步验证耐盐脱氮复合菌剂对高盐度废水处理系统的脱氮效果，在 5.2 中得到初始氨氮浓度为 120mg/L 左右、C/N 为 15：1 的条件下，对活性污泥进行驯化，逐渐将盐度从 0% 提升至 3%，系统出水水质稳定后，分别将其装至两个有效容积为 800mL 的装置中，向其中一个装置投加 5.4% 的 OD$_{600}$ 为 1.6 左右的耐盐脱氮复合菌剂作为强化系统，另一个则无须投加耐盐脱氮复合菌剂，为对比系统。进而分析强化系统与对比系统中脱氮性能、典型周期中氮素、pH、ORP 和 DO 的变化趋势和盐度冲击对脱氮效果的影响。

5.2.1　运行周期的确定

本研究采用 SBR 工艺，是由进水、曝气、沉淀、排水和待机五个基本工序组成的活性污泥污水处理方法。其中曝气阶段是最重要的阶段，通过曝气向系统内微生物提供 DO，并使微生物和活性污泥充分混合，使微生物与污水中有机物充分接触，达到降解污染物作用[118]。因此，整个运行周期中，曝气时间的确定是十分重要的，曝气时间过长会导致能源浪费，不利于厌氧阶段的反应，影响脱氮效率；曝气时间过短会导致溶解氧不足，氨氮降解率降低，影响脱氮效果。所以，确定最佳曝气时间是必要的。

将驯化的活性污泥分别装入两个反应器中，加入 5.4% 的 OD$_{600}$ 为 1.6 左右的耐盐脱氮复合菌剂为强化系统，不加耐盐脱氮复合菌剂为对比系统。强化系统和对比系统的 MLSS 浓度为 2512.25mg/L 和 2507.88mg/L，曝气阶段溶解氧控制在 3mg/L 左右，搅拌阶段溶解氧控制在 0.2mg/L 左右，试验温度为 30℃，初始总氮浓度为 120mg/L 左右。本试验中每运行周期除曝气时间不同以外，进水时间为 30min，搅拌时间为 1h，沉淀时间为 1h，出水时间为 30min 都保持不变。图 5-7 中，1～10 周期曝气时间为 5h，11～15 周期曝气时间为 5.5h，16～20 周期曝气时间为 6h，21～25 周期曝气时间为 6.5h，26～

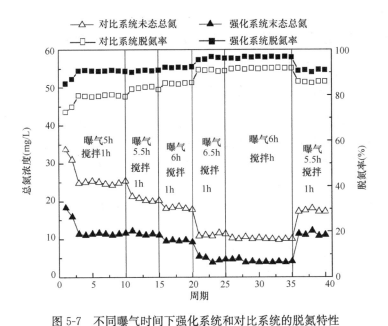

图 5-7　不同曝气时间下强化系统和对比系统的脱氮特性

Fig. 5-7　Nitrogen removal characteristics of enhanced system and contrast system under different aeration time

35 周期曝气时间为 6h，36～40 周期曝气时间为 5.5h。

由图 5-7 可知，强化系统的脱氮效果明显高于对比系统，而强化系统的末态总氮浓度均低于对比系统。在前 10 个周期，曝气时间为 5h，经过 3 个周期的运行，对比系统和强化系统的脱氮效果不断提高，脱氮率分别为 79.87％和 90.74％，末态总氮浓度分别为 24.78mg/L 和 11.35mg/L。第 4 个周期开始，对比系统和强化系统趋于稳定，对比系统脱氮率在 79％～80％，末态总氮浓度均在 24.00～25.00mg/L；而强化系统脱氮率均达到 90％左右，末态总氮浓度降解至 11mg/L 左右，均未符合一级 A 排放标准。从第 11 周期开始，曝气时间升高到 5.5h，对比系统脱氮率有所提升，为 82％～83％，末态总氮浓度为 20.00mg/L 左右，而强化系统的脱氮率和末态总氮浓度基本没变化，对比系统和强化系统的出水水质均未符合一级 A 排放标准。在第 16 周期，曝气时间变为 6h，对比系统和强化系统的脱氮效果有所提升，脱氮率分别达到 85％左右和 92％左右，末态总氮浓度分别降解至 18.00mg/L 左右和 9.50mg/L 左右，均未达到一级 A 排放标准。当第 21 周期时，曝气时间为 6.5h，对比系统和强化系统的脱氮效果提高，脱氮率分别在 90.50％～91.20％和 95.50％～96.87％，末态总氮浓度分别达到 10.00～11.00mg/L 左右和 3.80～5.50mg/L 左右，其中强化系统的出水水质符合一级 A 排放标准。从第 26 周期开始，曝气时间降低到 6h，对比系统和强化系统的脱氮率仍维持稳定，分别达到 91％左右和 96.8％左右，末态总氮浓度分别为 10.00mg/L 左右和 3.8mg/L 左右，强化系统的末态总氮浓度符合一级 A 排放标准。当第 36 周期时，对比系统和强化系统的脱氮效果有所降低，脱氮率分别在 85.50％左右和 90.10％～91.82％，末态总氮浓度分别在 17.20～18.06mg/L 和 11.00～12.20mg/L，出水水质均不符合一级 A 排放标准。在相同曝气时间下，反应后期的脱氮效果明显高于反应初期，这是因为随着反应的进行，复合菌剂增殖越多，脱氮效果越好。

因此，SBR 工艺的最佳运行周期为进水时间为 30min，曝气时间为 6h，搅拌时间为 1h，沉淀时间为 1h，出水时间为 30min。

5.2.2 典型周期中强化系统和对比系统的比较

耐盐脱氮复合菌剂接入反应器后先运行 2 个周期以使耐盐脱氮复合菌剂能够良好的融入活性污泥系统。2 个周期后测得投加 5.4% 的 OD_{600} 为 1.6 左右的耐盐脱氮复合菌剂的强化系统和未投加耐盐脱氮复合菌剂的对比系统的 MLSS 浓度分别为 2502.15mg/L 和 2497.78mg/L。其中 0～6h 为曝气阶段，6～7h 为搅拌阶段，7～8h 为沉淀阶段。图 5-8 为强化系统和对比系统在稳定运行时氮素、pH、ORP 和 DO 的变化趋势。

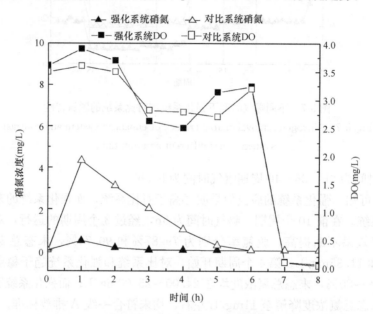

图 5-8　强化系统和对比系统运行时 $NO_3^- $-N 浓度和 DO 的变化趋势
Fig. 5-8　The variation of NO_3^--N concentration and DO of the
enhanced system and the control system

由图 5-8 可知，强化系统和对比系统的 DO 变化趋势基本相同。曝气 1h 后，DO 浓度略升高，分别达到 3.9mg/L 和 3.6mg/L，这是因为在反应初期供氧速率远远大于耗氧速率；随后 DO 浓度缓慢降低，DO 的消耗主要是由氨氮氧化造成的，随着氨氮被氧化为亚硝氮，耗氧速率开始降低，强化系统和对比系统分别从第 4h 和第 5h 开始，DO 浓度开始升高，而强化系统比对比系统提前 1h 进入 DO 升高阶段，这是由于强化系统中有高效的复合菌剂，使氨氮降解较快；第 6h 进入搅拌阶段，DO 浓度大幅度降低，第 7h 进入沉淀阶段，一个周期结束后 DO 浓度分别为 0.11mg/L 和 0.09mg/L。

强化系统中硝氮浓度一直处于极低水平，均低于 1mg/L，这是因为强化系统内投加的复合菌剂对硝氮有较强的还原能力，这与曲洋等[119]研究结果一致；Frette L 等[120]研究发现在系统中存在硝氮和亚硝氮时，硝化-好氧反硝化混合菌以硝氮为电子受体将硝氮转化为亚硝氮，因此在强化系统中耐盐脱氮复合菌剂优先选取硝氮为电子受体，将硝氮还原

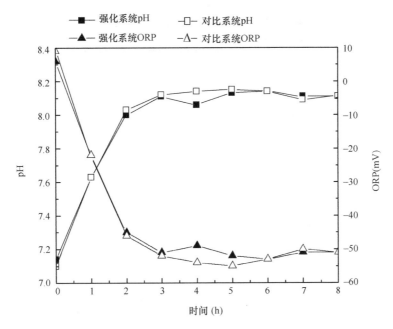

图 5-9 强化系统和对比系统运行时 pH 和 ORP 的变化趋势

Fig. 5-9 The variation of pH and ORP of the enhanced system and the control system

成亚硝氮，导致硝氮浓度降低；而在对比系统中，硝氮浓度先升高，为 4.32mg/L；曝气 1h 后，硝氮浓度降低，直至曝气结束后，硝氮完全被降解。

由图 5-9 可知，强化系统和对比系统的 pH 前 2h 内大幅度上升，分析认为：一是在异养微生物对有机物的合成和降解过程中，产生 CO_2；随着硝化反应进行，连续曝气可以将系统中的 CO_2 吹脱[121]；二是在反应初期，好氧反硝化在降解高盐废水过程中会产生一定的碱度；这与高景峰等[122]研究结果一致。随着反应的进行，强化系统和对比系统中 pH 趋于稳定，这是因为反硝化产生的碱度与氨氮氧化所消耗的碱度趋于平衡，分解有机物产生的酸与微生物的利用量趋于平衡[121]。反应结束后，强化系统和对比系统的 pH 相等，均为 8.11。强化系统和对比系统的 ORP 变化趋势相似，反应前 2h，ORP 急剧下降，这是因为氨氮被氧化成硝氮的同时，氧化态的硝氮被还原成氮气，还原物质不断增加，氧化物质不断降低。因此导致氧化还原电位不断降低。第 3h 开始 ORP 趋于稳定，这是因为还原性物质增加量和氧化性物质降低量达到平衡，因此 ORP 变化幅度不大。反应结束后强化系统和对比系统的 ORP 相同，均为 −51mV。

由图 5-10 可知，强化系统和对比系统在向硝氮转化方面相似，在整个周期中，亚硝氮浓度始终为 0.004mg/L。Moir 等[123]研究的异养硝化模型发现通过 HNO 的自由结合，异养硝化的主要反应是 NH_2OH 转化为 N_2O。因此，在脱氮过程中无亚硝酸盐积累。强化系统和对比系统在氨氮降解过程中趋势相似，随着反应的进行氨氮浓度持续降低，强化系统的氨氮去除率一直高于对比系统，这是因为耐盐脱氮复合菌剂中含有异养硝化菌和好氧反硝化菌，而在有机营养能量代谢过程中异养硝化菌和好氧反硝化菌构建的混合菌对 DO 有较高的亲和力，使较多的氨氮被氧化[119]，因此强化系统的氨氮去除效果高于对比系统。

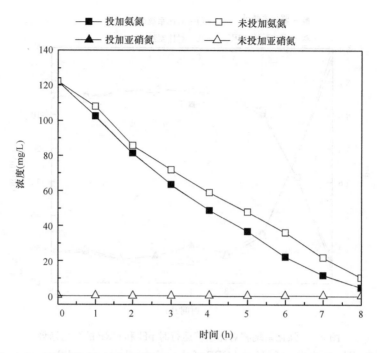

图 5-10　强化系统和对比系统运行时 NH_4^+-N 浓度和 NO_2^--N 浓度的变化趋势

Fig. 5-10　The variation of NH_4^+-N concentration and NO_2^--N concentration of the strengthening system and the contrast system

5.2.3　盐度冲击对强化系统和对比系统的脱氮特性的影响

近年来，许多城市对海水进行直接利用，如海水冲厕。此外，沿海地区的海水可能渗入到污水管道，导致城市污水的盐度急剧提升。盐度冲击会降低酶活性，破坏微生物的细胞，抑制微生物的生长，从而影响到脱氮效果。盐度下降时会改变微生物细胞的渗透压，细胞会吸水膨胀，导致微生物的大量死亡，进而影响脱氮效果。Utgur 等[124]研究在 SBR 工艺处理中盐度对氨氮的去除效果的影响，试验中盐度从 0 升高到 70g/L 时，氨氮的降解率从 96％降至 39％。因此，研究盐度冲击对脱氮效果的影响是必要的。

（1）5％盐度冲击对强化系统和对比系统脱氮特性的影响

将驯化好的盐度为 3％的活性污泥分别装入两个 1L 烧杯中，一组加入 5.4％的 OD_{600} 为 1.6 左右的耐盐脱氮复合菌剂，为强化系统；另一组不加耐盐脱氮复合菌剂，为对比系统。强化系统和对比系统的 MLSS 浓度为 2492.92mg/L 和 2501.81mg/L，曝气阶段 DO 控制在 3mg/L 左右，搅拌阶段 DO 控制在 0.2mg/L 左右，试验温度为 30℃，初始总氮浓度为 120mg/L 左右，pH 控制在 7~8。本试验中进水时间为 30min，曝气时间为 6h，搅拌时间为 1h，沉淀时间为 1h，出水时间为 30min。强化系统启动阶段为 1~4 周期，5％盐度冲击阶段为 5~14 周期，系统恢复阶段为 15~20 周期。

由图 5-11 可知，为了使微生物和活性污泥充分混合，前 4 个周期为强化系统启动阶段，脱氮率缓慢升高，第 4 周期末对比系统和强化系统的脱氮率分别为 91.84％和 96.01％，末态总氮浓度分别为 10.00mg/L 和 4.90mg/L。从第 5 周期开始，盐度增加到

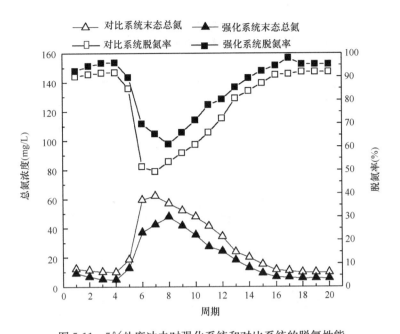

图 5-11　5％盐度冲击时强化系统和对比系统的脱氮性能

Fig. 5-11　Denitrification characteristics of the enhanced system and the
control system under 5％ salinity shock

5％，Cl⁻浓度的增加，导致细胞脱水，不利于菌体进行新陈代谢活动，脱氮效果下降；通过一段时间适应，微生物群体再次恢复生理活性，逐渐适应环境中较高的 Cl⁻浓度，出水水质再次变好，脱氮效果有所提升。而强化系统的脱氮效果始终高于对比系统，这是因为所投加耐盐脱氮复合菌剂是由普通耐盐菌、耐盐硝化菌和耐盐反硝化菌组成的，对盐度负荷有较强的耐受力。第 14 周期末对比系统和强化系统的脱氮效率达到 83.77％ 和 89.43％，末态总氮浓度降解至 19.94mg/L 和 12.96mg/L。第 15 周期开始投加盐度为 3％的高盐废水，经过 6 个周期系统修复，对比系统和强化系统脱氮效果有所提高，脱氮率分别为 92.05％ 和 95.33％，末态总氮浓度分别为 9.72mg/L 和 5.70mg/L，强化系统的出水水质达到一级 A 排放标准。

（2）0％盐度冲击对强化系统和对比系统脱氮特性的影响

将驯化好的盐度为 3％的活性污泥分别装入两个反应器，一组加入 5.4％的 OD_{600} 为 1.6 左右的耐盐脱氮复合菌剂为强化系统，另一组不加耐盐脱氮复合菌剂为对比系统。强化系统和对比系统的 MLSS 浓度分别为 2498.01mg/L 和 2491.13mg/L，曝气阶段溶解氧控制在 3mg/L 左右，搅拌阶段溶解氧控制在 0.2mg/L 左右，试验温度为 30℃，初始总氮浓度为 120mg/L 左右，pH 控制在 7～8。本试验中进水时间为 30min，曝气时间为 6h，搅拌时间为 1h，沉淀时间为 1h，出水时间为 30min。强化系统启动阶段为 1～4 周期，0 盐度冲击阶段为 5～14 周期，系统恢复阶段为 15～25 周期。其中，第 22 周期投加 3％的耐盐脱氮复合菌剂。

由图 5-12 可知，前 4 个周期，微生物和系统中活性污泥充分接触，脱氮效果提升，第 4 周期末对比系统和强化系统的脱氮率分别为 91.62％ 和 95.8％，末态总氮浓度分别降

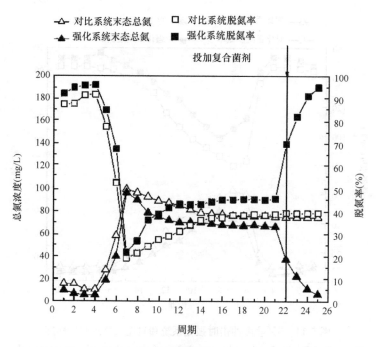

图 5-12 盐度冲击为 0 时强化系统和对比系统的脱氮特性

Fig. 5-12 Denitrification characteristics of the enhanced system and
the control system under 0% salinity shock

解至 10.27mg/L 和 5.16mg/L。从第 5 周期开始，进水盐度突然降低，对系统稳定性有极大的影响，经过 10 个周期的盐度冲击后，对比系统和强化系统的脱氮率仍很低，分别为 35.95% 和 43.09%，总氮仍有大量积累，分别为 78.51mg/L 和 69.92mg/L。第 15 周期开始进行系统恢复，脱氮率略升高，第 21 周期结束后脱氮率分别为 38.66% 和 45.59%，大量总氮仍未被降解，分别为 75.02mg/L 和 66.21mg/L。这是因为 3% 盐度驯化后的活性污泥中微生物对高盐环境有一定的适宜性，环境的改变导致微生物细胞的渗透压发生改变，细胞由于吸水膨胀引起大量死亡，破坏了系统的稳定性。为了恢复系统，提升脱氮效果，第 22 周期再次向强化系统中投加 3% 的耐盐脱氮复合菌剂，脱氮效果明显升高，第 25 周期结束后脱氮率达到 94.91%，总氮浓度仅为 6.24mg/L，达到一级 A 排放标准。而对比系统的脱氮率仍未提高，第 25 周期结束后脱氮率仅为 39.24%，总氮浓度为 74.48mg/L。

（3）7% 盐度冲击对强化系统和对比系统脱氮特性的影响

将驯化好的盐度为 3% 的活性污泥分别装入两个 1L 烧杯，一组加入 5.4% 的 OD_{600} 为 1.6 左右的耐盐脱氮复合菌剂为强化系统，另一组不加耐盐脱氮复合菌剂为对比系统。强化系统和对比系统的 MLSS 浓度分别为 2497.23mg/L 和 2495.45mg/L，曝气阶段溶解氧控制在 3mg/L 左右，搅拌阶段溶解氧控制在 0.2mg/L 左右，试验温度为 30℃，初始总氮浓度为 120mg/L 左右，pH 控制在 7~8。本试验中，进水时间为 30min，曝气时间为 6h，搅拌时间为 1h，沉淀时间为 1h，出水时间为 30min。强化系统启动阶段为 1~4 周期，7% 盐度冲击阶段为 5~14 周期，系统恢复阶段为 15~21 周期。

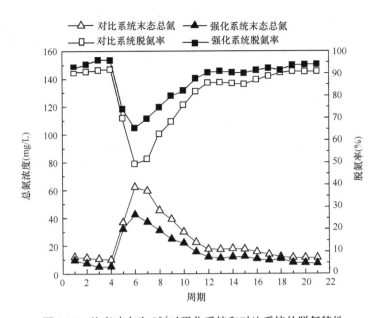

图 5-13　盐度冲击为 7％时强化系统和对比系统的脱氮特性

Fig. 5-13　Denitrification characteristics of the enhanced system and the control system under 7％ salinity shock

由图 5-13 可知，前 4 个周期为强化系统启动阶段，脱氮率略升高，随后趋于稳定，第 4 周期末对比系统和强化系统的脱氮率分别为 91.82％和 95.79％，总氮浓度降解至为 10mg/L 和 5.16mg/L。从第 5 周期开始，进行 7％盐度冲击，强化系统的脱氮效果始终好于对比系统，这是因为所投加耐盐脱氮复合菌剂是由普通耐盐菌、耐盐硝化菌和耐盐反硝化菌，对盐度负荷有一定的忍受力，使强化系统处理效果波动不大。而对比系统中脱氮率却急剧下降，在第 6 周期时，脱氮效果最差，脱氮率为 49.21％，末态总氮浓度为 62.12mg/L，随后脱氮效果开始缓慢升高，第 14 周期末脱氮率达到 85.52％，总氮浓度为 17.79mg/L，第 15 周期开始进水变为 3％盐度的模拟废水，脱氮率缓慢升高，第 21 周期结束后，脱氮率达到 90.81％，末态总氮浓度降解至 11.34mg/L。在强化系统中，经过 7％盐度冲击后，脱氮效果降低，第 6 周期末，脱氮效果最不理想，脱氮率为 65.39％，总氮浓度高达 42.51mg/L，随后脱氮率开始缓慢升高，第 14 周期末脱氮率为 90.33％，总氮浓度降解至 11.88mg/L，第 15 周期开始系统恢复，脱氮率逐渐升高，第 20 周期结束后，脱氮率为 94.05％，末态总氮浓度为 7.31mg/L，符合一级 A 排放标准。

5.3　小结

将优化获得的耐盐脱氮复合菌剂用于强化 SBR 工艺脱氮效果，采用响应曲面法分析初始氨氮浓度、C/N、投加量三因素对脱氮效果的影响，确定系统最佳启动条件，并比较分析生物强化系统与对比系统的脱氮效果和系统稳定性，着重考察了盐度冲击对强化系统处理效果和稳定性的影响，主要结论如下：

（1）采用响应曲面分析法分析初始氨氮浓度、C/N、投加量对耐盐脱氮复合菌剂的脱氮效率的影响，结果表明这三个因素对耐盐脱氮复合菌剂脱氮效率的影响不是简单的线性关系，交互项影响显著，且得到响应值脱氮率达到最大 99.63％时的最佳条件时，初始氨氮浓度、C/N、投加量的取值分别为 121.51mg/L、14.95、5.4％。

（2）生物强化 SBR 工艺的最佳运行周期为进水时间为 30min，曝气时间为 6h，搅拌时间为 1h，沉淀时间为 1h，出水时间为 30min。

（3）分别对强化系统和对比系统进行 0％、5％、7％的盐度冲击，研究表明，当受到 5％和 7％的盐度冲击时，强化系统活性污泥先于对比系统恢复原有活性；当系统受到 0％盐度冲击时，对比系统中耐盐活性污泥失去活性且无法恢复，而强化系统只需投加少量耐盐脱氮复合菌剂，即可快速恢复活性且出水总氮浓度达到一级 A 排放标准。

第6章 耐盐脱氮复合菌剂冻干菌粉制备及其性能

本章主要采用真空冷冻干燥技术对由耐盐菌、耐盐硝化菌和耐盐异养—好氧反硝化菌构建的耐盐脱氮复合菌剂进行冻干处理制备菌粉，探讨冻干保护剂的成分、配比以及冻干工艺参数，以获得最佳冻干保护剂配方和最佳冻干工艺条件，考察冻干菌粉的贮存时间和贮存方法对菌剂性能的影响，并应用于高盐废水处理系统验证强化生物脱氮效果。研究主要包括以下几个方面：

（1）以 NaCl 作为冻干基础保护剂，研究在不同盐度下，耐盐脱氮复合菌剂中各菌株冻干菌粉的存活率与处理能力，从而获得适宜的 NaCl 浓度。

（2）探讨不同的冻干保护剂对耐盐脱氮复合菌剂冻干菌粉的存活率和脱氮性能的影响。通过正交试验优化冻干保护剂的配方和真空冷冻干燥的工艺条件，获得最优冻干保护剂配方和最佳冻干工艺条件。

（3）研究耐盐脱氮复合菌剂冻干菌粉的贮存稳定性，提出适宜的贮存时间和贮存方法；根据优化选出的最优冻干保护剂配方和最佳冻干工艺条件制备冻干菌粉，将冻干菌粉应用于 SBR 工艺强化处理高盐含氮废水，验证冻干菌粉的强化脱氮效果。

6.1 NaCl 对冻干耐盐脱氮复合菌剂的影响

通过冻干技术可以去除物料中大部分的水，使微生物细胞一直处于低水平的生理活动状态，但冷冻干燥后微生物的存活率会大幅下降，是因为冷冻干燥过程中冰晶的形成或高浓度胞内溶质引起的高渗透压导致细胞膜破坏，此外脱水会影响亲水性大分子的性能，如蛋白质变性等[59]。加入冻干保护剂可以减轻冷冻干燥对细胞的损伤，提高细胞的存活率。本章针对耐盐脱氮复合菌剂，采用 NaCl 为冻干保护剂的基础成分，考察 NaCl 浓度对冻干复合菌剂各菌株的影响，确定其最适浓度。

6.1.1 NaCl 对不同菌株冻干菌粉存活率的影响

在嗜盐菌冻干保存过程中，环境中的盐分对维持细胞结构的稳定和膜的完整性起很重要的作用，因而在保护剂中加入 NaCl 主要是维持菌株与周围环境渗透压的平衡[125]，提高细胞的存活率。在本试验中，耐盐脱氮复合菌剂是由两株耐盐反硝化菌（*Halomonas sp.*）F3 和 F5、耐盐硝化菌（*Bacillus sp.*）X23 和普通耐盐菌（*Halomonas sp.*）N39 按照一定比例复配而成。研究 NaCl 的浓度对冻干复合菌剂中各菌株的影响，获得其最适浓度。

耐盐反硝化菌 F3 和 F5、耐盐硝化菌 X23 与普通耐盐菌 N39 的冻干存活率与 NaCl 浓度的关系如图 6-1 所示，与对照菌粉相比，加入 NaCl 保护剂的冻干菌粉的存活率均高于对照菌粉。这表明在保护剂中加入 NaCl 可以稳定细胞结构，减轻冻干过程对菌株细胞造

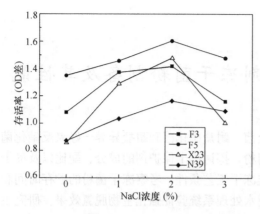

图 6-1 NaCl 浓度对不同菌株存活率的影响

Fig. 6-1 Effect of NaCl concertration on survival rate for different strains

成的损伤,对菌株的存活起到保护作用。随着 NaCl 浓度的逐渐增大,四株菌菌粉的存活率均开始逐渐增大。在 NaCl 浓度为 2% 时,四株菌菌粉的存活率均达到最大,其 OD 差分别为 1.419、1.603、1.478 和 1.164,分别高出了其对照菌粉 OD 差的 31.27%、18.83%、72.26% 和 33.18%。随着 NaCl 浓度的继续增大,四株菌菌粉的存活率均开始逐渐减小。有研究表明,在微生物的冻干过程中,适当的 NaCl 浓度既可以维持细胞渗透压,又可能在冷冻和干燥的胁迫下起到交叉保护作用[126-128]。也有研究发现在冷冻过程,盐浓度的增加会使蛋白质发

生变性,造成细胞代谢损伤[129]。相同浓度的 NaCl 保护剂对于不同的菌株影响是不同的。其中,F5 冻干粉的存活率最高,而对 N39 的保护效果最差。NaCl 保护剂的浓度对于不同的菌株影响也是不同的,随着 NaCl 浓度发生变化,X23 所受的影响最大。

6.1.2 NaCl 对菌粉处理能力的影响

1. 普通耐盐菌冻干菌粉处理能力的影响

以氯化铵为唯一氮源、乙酸钠为唯一碳源,将普通耐盐菌 N39 的菌液和各冻干菌粉的复溶菌液分别接种到 100mL 的高盐含氮废水中,在恒温振荡培养箱中摇培 60h,测定出水水样的 NH_4^+-N、NO_2^--N、NO_3^--N 浓度和 COD 值,考察冻干前后菌液与菌粉的 COD 降解能力和脱氮性能。

普通耐盐菌 N39 冻干前后对 COD 降解能力如图 6-2 所示,当保护剂中 NaCl 的浓度

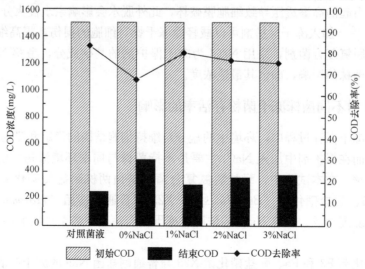

图 6-2 NaCl 浓度对 N39 COD 降解能力的影响

Fig. 6-2 Effect of NaCl concentration on COD removal efficiency of N39

从 0 增加到 1％时，菌粉的 COD 去除率从 67.37％上升到 79.77％，并且在 NaCl 浓度为 1％时 COD 的去除率达到最大，为 79.77％随着 NaCl 浓度的继续增加，菌粉对 COD 的去除率开始缓慢降低。但与对照菌粉相比，加入 NaCl 保护剂的冻干菌粉对 COD 的降解能力均高于对照菌粉，分别高出了对照菌粉 18.41％、13.06％和 11.28％。这说明，NaCl 的加入可以减轻冻干过程对细胞造成的损伤，使细胞保持一定的性能。当 NaCl 浓度大于 1％以后，不同浓度的 NaCl 对菌粉的 COD 降解能力影响很小。继续增大 NaCl 的浓度，也不会提高菌粉对 COD 的降解能力。与冻干前对照菌液相比，冻干菌粉的 COD 降解能力均低于对照菌液，各菌粉的 COD 去除率分别是对照菌液的 81.047％、95.99％、91.66％和 90.22％。

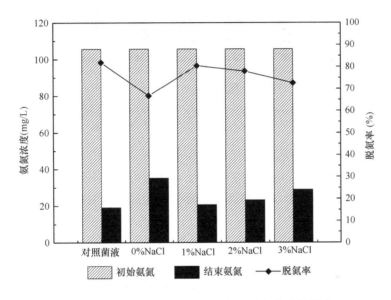

图 6-3　NaCl 浓度对 N39 的 NH_4^+-N 降解能力的影响

Fig. 6-3　Effect of NaCl concentration on NH_4^+-N removal efficiency of N39

从图 6-3 可知，NaCl 浓度对普通耐盐菌 N39 降解 NH_4^+-N 的能力有一定影响，当 NaCl 的浓度从 0 增加到 1％时，菌粉的脱氮率从 66.74％上升到 80.41％，并且在 NaCl 浓度为 1％时脱氮率达到了最大。％随着 NaCl 浓度的继续增加，菌粉的脱氮率开始逐渐降低，并且降低的速率逐渐增大。但与对照菌粉相比，加入 NaCl 保护剂的冻干菌粉对 NH_4^+-N 的降解能力均高于对照菌粉，分别高出了对照菌粉 20.48％、16.87％和 8.81％。与冻干前对照菌液相比，冻干菌粉的脱氮率均低于对照菌液，各菌粉的脱氮率分别是对照菌液的 81.49％、98.18％、95.24％和 88.67％，其中 NaCl 浓度为 1％时保护效果最好，菌粉的脱氮率接近冻干前对照菌液的水平。

如图 6-4 所示，整个反应过程没有 NO_3^--N 的积累，随着 NaCl 浓度的变化，NO_3^--N 的浓度也随之改变。与对照菌粉相比，在反应结束后加入 NaCl 保护剂的菌粉，其水样中 NO_3^--N 的浓度均低于对照菌粉，NO_3^--N 去除率高出了对照菌粉的 22.98％、11.34％和 6.75％。当保护剂中 NaCl 的浓度在 0％～1％时，菌粉的 NO_3^--N 去除率随着 NaCl 浓度的增加快速升高；在 NaCl 浓度为 1％时，菌粉的 NO_3^--N 去除率达到最大，NO_3^--N 浓度

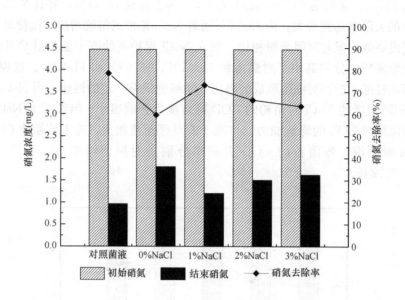

图 6-4　NaCl 浓度对 NO_3^--N 去除的影响

Fig. 6-4　Effect of NaCl concentration on removal of NO_3^--N

从 4.462mg/L 降低到 1.204mg/L，去除率为 73.02％；当 NaCl 浓度大于 1％时，菌粉 NO_3^--N 的去除率随着 NaCl 浓度的增加开始降低。与冻干前对照菌液相比，各冻干菌粉出水水样中 NO_3^--N 的浓度均低于对照菌液，各菌粉的 NO_3^--N 去除率分别是对照菌液的 75.99％、93.22％、84.6％和 81.12％。

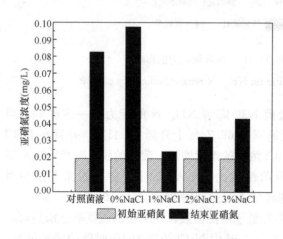

图 6-5　NaCl 浓度对 NO_2^--N 去除的影响

Fig. 6-5　Effect of NaCl concentration on removal of NO_2^--N

如图 6-5 所示，NaCl 浓度变化对普通耐盐菌 N39 冻干前后出水 NO_2^--N 的浓度产生了影响。各组的 NO_2^--N 浓度始终都处于很低的水平，最高浓度不超过 0.1mg/L 且都有微量的积累，其中，对照菌粉的 NO_2^--N 浓度增量最多，60h 后 NO_2^--N 浓度增加了 0.0776mg/L；而 1％ NaCl 菌粉的 NO_2^--N 度增量最少，60h 后 NO_2^--N 浓度增加了 0.0041mg/L。与对照菌液和对照菌粉相比，NaCl 的加入使各菌粉的 NO_2^--N 积累量明显减少，可能是由于加入 NaCl 保护剂使硝态氮直接转化成氮气。

综上可以看出，加入 NaCl 保护剂既能使普通耐盐菌 N39 冻干菌粉保持较好的有机物去除能力和脱氮特性，还可以减少脱氮过程中 NO_2^--N 的积累。但 NaCl 的浓度并不是越多效果越好，超过最适浓度之后菌株对有机物和氮的降解能力都开始减弱。

2. NaCl 对耐盐反硝化菌冻干菌粉处理能力的影响

耐盐反硝化菌 F3 和 F5 在好氧反硝化的同时还具有异养硝化的能力，在本试验中，以乙酸钠为唯一碳源，分别以硝酸钠和氯化铵为唯一氮源，考察耐盐反硝化菌 F3 和 F5 的反硝化能力与异养硝化能力。通过测定出水水样中的 NH_4^+-N、NO_2^--N、NO_3^--N 浓度和 COD 值，比较耐盐反硝化菌 F3 和 F5 冻干前后菌液与各菌粉的处理能力。

（1）NaCl 对反硝化和 COD 降解能力的影响

本段试验以乙酸钠为唯一碳源、硝酸钠为唯一氮源，将耐盐反硝化菌 F3 和 F5 菌液分别按 6% 接种量接种到 100mL 的高盐含氮废水中，在恒温振荡培养箱中振荡培养 48h，温度为 30℃、转速为 125r/min。再将添加不同浓度 NaCl 的冻干菌粉加无菌水在 30℃ 的条件下振荡复溶 30min，以未加 NaCl 保护剂的冻干菌粉做对照。然后将各复溶菌液按 6% 接种量接种到 100mL 的高盐含氮废水中，在相同条件下振荡培养 48h。检测初始和结束时模拟海水水样中 NO_3^--N、NO_2^--N 浓度和 COD 值，考察其反硝化能力与 COD 降解能力。反硝化脱氮率按公式（6-1）进行计算。

$$脱氮率 = \frac{(A+B)-(C+D)}{(A+B)} \times 100\% \tag{6-1}$$

式中　A——水样初始的硝态氮浓度，mg/L；

　　　B——水样初始的亚硝态氮浓度，mg/L；

　　　C——反硝化后的硝态氮浓度，mg/L；

　　　D——反硝化后的亚硝态氮浓度，mg/L。

1）NaCl 对 F3 冻干菌粉的影响

由表 6-1 可知，NaCl 浓度对 F3 冻干菌粉的反硝化能力有一定影响。经过 48h 培养后，对照菌液与各菌粉的脱氮率分别为 95.13%、91.73%、86.65%、83.47% 和 80.8%。整个反应过程中，NO_2^--N 产生了大量积累，对照菌液与各菌粉均能够很好地降解硝氮，将 NO_3^--N 转化为 NO_2^--N 或者转化为氮气。与对照菌液相比，各菌粉的脱氮率均低于对照菌液，其脱氮率分别是对照菌液的 96.43%、91.09%、87.74% 和 84.94%。与对照菌粉相比，随着 NaCl 保护剂浓度的逐渐增大，菌粉的反硝化能力开始逐渐减弱，脱氮率分别是对照菌粉的 94.46%、91% 和 88.08%。说明 NaCl 的加入对冻干粉中菌株的反硝化性能影响不大。同时还发现，与对照菌液和对照菌粉相比，NaCl 的加入使出水水样中 NO_2^--N 的积累量明显增多。

NaCl 浓度对 F3 反硝化特性的影响　　　　　　　　　　表 6-1

Effect of NaCl concentration on denitrification characteristics of F3　　Table 6-1

	初始硝氮浓度 （mg/L）	末态硝氮浓度 （mg/L）	初始亚硝氮浓度 （mg/L）	末态亚硝氮浓度 （mg/L）	脱氮率 （%）
对照菌液	123.996	2.914	0.2421	3.1324	95.13
0%NaCl	123.996	4.365	0.2421	5.9155	91.73
1%NaCl	123.996	4.638	0.2421	11.9436	86.65
2%NaCl	123.996	7.444	0.2421	13.0917	83.47
3%NaCl	123.996	10.743	0.2421	13.1134	80.80

　　耐盐反硝化菌 F3 冻干前后对 COD 降解能力如图 6-6 所示，NaCl 保护剂的浓度对菌粉降解 COD 的能力略有影响。与对照菌液相比，各菌粉的 COD 去除率均低于对照菌液，其 COD 去除率分别是对照菌液的 97.17％、95.39％、94.42％和 93.81％。其中对照菌粉的 COD 去除效果最好，COD 浓度从 1504.546mg/L 降低到 297.633mg/L，去除率为 80.22％。与对照组菌粉相比，随着 NaCl 浓度的逐渐增加，菌粉的 COD 去除率缓慢降低。

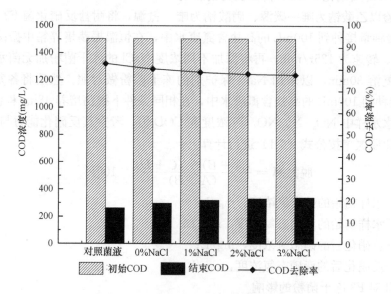

图 6-6　NaCl 浓度对 F3 COD 降解能力的影响

Fig. 6-6　Effect of NaCl concentration on COD removal efficiency of F3

　　2）NaCl 对 F5 冻干菌粉的影响

NaCl 浓度对 F5 反硝化特性的影响　表 6-2

Effect of NaCl concentration on denitrification characteristics of F5　Table 6-2

	初始硝氮浓度 （mg/L）	末态硝氮浓度 （mg/L）	初始亚硝氮浓度 （mg/L）	末态亚硝氮浓度 （mg/L）	脱氮率 （％）
对照菌液	111.658	0.849	7.2255	3.7584	96.12
0％NaCl	111.658	2.583	7.2255	5.4793	93.22
1％NaCl	111.658	6.914	7.2255	1.7721	92.69
2％NaCl	111.658	10.951	7.2255	1.0833	89.88
3％NaCl	111.658	13.685	7.2255	0.3489	88.2

　　由表 6-2 可知，NaCl 浓度对耐盐反硝化菌 F5 冻干菌粉的反硝化能力影响不大。整个反应过程中，对照菌液与各菌粉均能够很好地降解 $NO_3^- $-N，各组 $NO_2^- $-N 没有积累，$NO_3^- $-N 直接转化为氮气。经过 48h 培养后，对照菌液与各菌粉的脱氮率均达到 85％以上，分别为 96.12％、93.22％、92.69％、89.88％和 88.2％。与对照菌液相比，各菌粉的脱氮率均低于对照菌液，其脱氮率分别是对照菌液的 96.98％、96.43％、93.51％和 91.76％。与对照菌粉相比，加入 NaCl 保护剂菌粉的脱氮率均低于对照菌粉；当 NaCl 浓

度为 1％时，菌粉的脱氮率略有降低；当 NaCl 浓度大于 1％，NaCl 的浓度越大，菌粉的脱氮率缓慢降低。同时还发现，与对照菌液和对照菌粉相比，NaCl 的加入使出水水样中 NO_2^--N 的浓度明显降低，并且随着 NaCl 浓度的增大，NO_2^--N 去除率逐渐增大，这说明加入 NaCl 有助于 NO_2^--N 的去除。

耐盐反硝化菌 F5 冻干前后对 COD 降解能力如图 6-7 所示，NaCl 保护剂的浓度对菌粉降解 COD 的能力略有影响。与对照菌液相比，各菌粉的 COD 去除率均低于对照菌液，其 COD 去除率分别是对照菌液的 95.77％、94.99％、93.44％和 92.48％。其中对照菌粉的 COD 去除效果最好，COD 浓度从 1482.555mg/L 降低到 374.76mg/L，去除率为 74.72％。与对照组菌粉相比，当 NaCl 浓度为 1％时，菌粉的脱氮率略有降低；当 NaCl 浓度大于 1％，随着 NaCl 浓度的逐渐增加，菌粉的 COD 去除率缓慢降低。

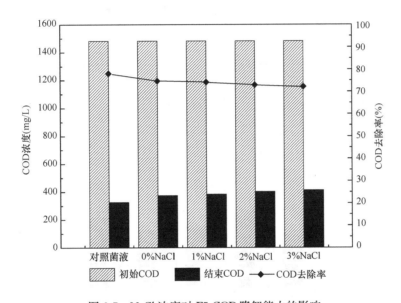

图 6-7 NaCl 浓度对 F5 COD 降解能力的影响

Fig. 6-7 Effect of NaCl concentration on COD removal efficiency of F5

通过比较表 6-1 和表 6-2 可以发现，在反硝化过程中耐盐反硝化菌 F3 在反应结束后，NO_2^--N 会产生积累；而耐盐反硝化菌 F5 在反应结束后，没有 NO_2^--N 浓度的积累。这是因为两种菌的脱氮途径不同：耐盐反硝化菌 F3 是将 NO_3^--N 转成 NO_2^--N，再转化为气体；而耐盐反硝化菌 F5 是将 NO_3^--N 直接转化为气体。

综上，NaCl 保护剂的浓度对冻干耐盐反硝化菌反硝化的影响主要体现在对其脱氮特性的影响，而对其降解有机物的能力影响非常小。耐盐反硝化菌 F3 和 F5 冻干前后均有很好的反硝化能力，脱氮率均达到了 80％以上，同时对 COD 也有较好的降解能力。

（2）NaCl 对异养硝化和 COD 降解能力的影响

以乙酸钠为唯一碳源、氯化铵为唯一氮源，将耐盐反硝化菌 F3 和 F5 菌液分别按 6％接种量接种到 100mL 的高盐含氮废水中，在恒温振荡培养箱中振荡培养 96h，温度为 30℃、转速为 125r/min。再将已添加不同浓度 NaCl 保护剂的各冻干菌粉加无菌水在 30℃的条件下振荡复溶 30min，以未加 NaCl 保护剂的冻干菌粉做对照，然后把各复溶菌液按

6%接种量接种到 100mL 的高盐含氮废水中，在相同条件下振荡培养 96h。检测模拟海水水样中 NH_4^+-N、NO_3^--N、NO_2^--N 浓度和 COD 值，考察其异养硝化能力与 COD 降解能力。

1）NaCl 对 F3 冻干菌粉的影响

由图 6-8 可知，NaCl 浓度直接影响着耐盐反硝化菌 F3 冻干菌粉的 NH_4^+-N 去除率。经过 96h 培养后，对照菌液与各菌粉的脱氮率别为 73.85%、61.49%、69.47%、71.75% 和 65.74%；与对照菌液相比，各菌粉的脱氮率均低于对照菌液。与对照菌粉相比，加入 NaCl 保护剂各组菌粉的 NH_4^+-N 去除率均高于对照菌粉，说明保护剂 NaCl 的加入减轻了冻干过程对菌株的损伤，维持了细胞活性。当 NaCl 浓度从 0 增加到 2% 时，F3 冻干菌粉的脱氮率也随之增加；在 NaCl 浓度为 2% 时脱氮率达到了最大，为 71.75%；当 NaCl 浓度大于 2% 以后，随着 NaCl 浓度的继续增大，菌粉的 NH_4^+-N 去除率开始快速降低。

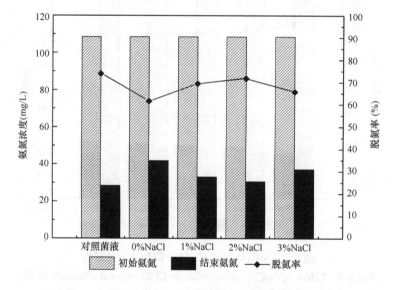

图 6-8　NaCl 浓度对 F3 菌株 NH_4^+-N 降解能力的影响

Fig. 6-8　Effect of NaCl concentration on NH_4^+-N removal efficiency of F3

由图 6-9 可知，NaCl 保护剂的浓度对耐盐反硝化菌 F3 冻干菌粉的 NO_3^--N 去除率有影响，整个反应过程没有 NO_3^--N 的积累。与对照菌液相比，各冻干菌粉的 NO_3^--N 去除率均低于对照菌液，分别是对照菌液的 77.28%、92.56%、95.93% 和 86.77%。与对照菌粉相比，经过 96h 培养后，加入 NaCl 保护剂的菌粉其水样中 NO_3^--N 的浓度均低于对照菌粉，NO_3^--N 去除率高出了对照菌粉的 19.77%、24.14% 和 12.29%。当保护剂中 NaCl 的浓度在 0－2% 时，菌粉的 NO_3^--N 去除率随着 NaCl 浓度的增加快速升高；在 NaCl 浓度为 2% 时，菌粉的 NO_3^--N 去除率达到最大为 76.16%；当 NaCl 浓度大于 2% 时，菌粉 NO_3^--N 的去除率随着 NaCl 浓度的增加开始降低。

如图 6-10 所示，NaCl 保护剂的浓度对 NO_2^--N 浓度的变化略有影响。各组的 NO_2^--N 浓度始终都处于很低的水平，最高浓度不超过 0.1mg/L；在反应结束后，对照菌液与各

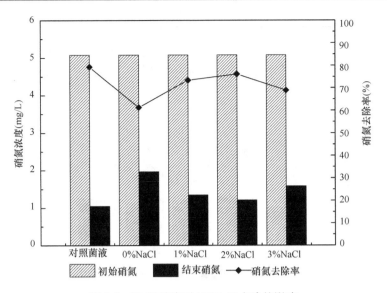

图 6-9　NaCl 浓度对 NO$_3^-$-N 去除的影响

Fig. 6-9　Effect of NaCl concentration on removal of NO$_3^-$-N

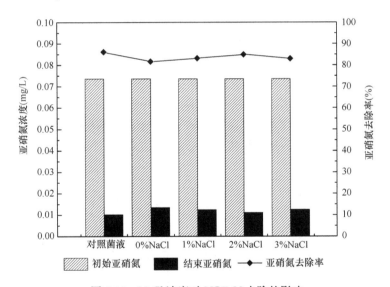

图 6-10　NaCl 浓度对 NO$_2^-$-N 去除的影响

Fig. 6-10　Effect of NaCl concentration on removal of NO$_2^-$-N

组菌粉的出水水样中均无 NO$_2^-$-N 的积累。96h 后 NO$_2^-$-N 去除率分别为 86.14%、81.66%、83.15%、84.92%和 83.16%。

　　耐盐反硝化菌 F3 冻干前后对 COD 的降解能力如图 6-11 所示，NaCl 浓度对 F3 冻干菌粉降解 COD 的能力略有影响。对照菌液和各组菌粉经过 96h 培养后，COD 的去除率均高于 75%，其中对照菌液的 COD 去除效果最好，达到了 82.07%。与对照菌液相比，各菌粉对 COD 的去除率均低于菌液，分别为对照菌液的 92.47%、95.89%、97.11%和 94.5%。与对照菌粉相比，加入 NaCl 保护剂各组菌粉的 COD 去除率均高于对照菌粉；其中 NaCl 浓度为 2%时，菌粉的 COD 去除率最高，为 78.35%。可以看出，随着 NaCl

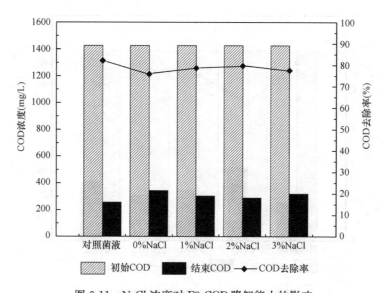

图 6-11　NaCl 浓度对 F3 COD 降解能力的影响

Fig. 6-11　Effect of NaCl concentration on COD removal efficiency of F3

的浓度开始逐渐增加，菌粉对有机物的降解能力也逐渐略有增强；在 NaCl 浓度为 2％时达到了最大；之后，继续增加 NaCl 的浓度，菌粉的 COD 降解能力开始略有减弱。

2) NaCl 对 F5 冻干菌粉的影响

由图 6-12 可知，NaCl 浓度对耐盐反硝化菌 F5 冻干菌粉的 NH_4^+-N 去除率有影响。与对照菌液相比，各菌粉的脱氮率均低于菌液，其脱氮率分别是对照菌液的 83.44％、95.01％、97.21％和 91.84％。与对照菌粉相比，加入 NaCl 保护剂各组菌粉的脱氮率均高于对照菌粉，其脱氮率分别高出了 13.86％、16.5％和 10.06％。可以看出，NaCl 保护剂的加入可以保持

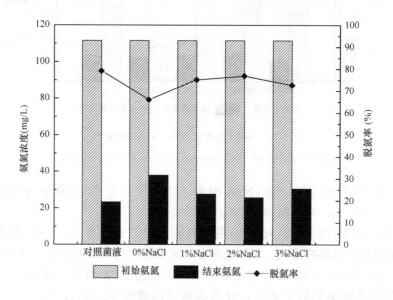

图 6-12　NaCl 浓度对 F5 NH_4^+-N 降解能力的影响

Fig. 6-12　Effect of NaCl concentration on NH_4^+-N removal efficiency of F5

菌粉的活性，提高菌粉的异养硝化能力。其中，NaCl 浓度为 2％时，菌粉的 NH_4^+-N 去除率最高，为 76.91％。随着保护剂中 NaCl 浓度开始增加，菌粉的脱氮率也逐渐增大，在 NaCl 浓度为 2％时达到了最大；若继续增大 NaCl 浓度，菌粉的脱氮率开始降低。

由图 6-13 可以看出，NaCl 浓度对 NO_3^--N 的去除率有影响。经过 96h 培养后，各组整个反应过程均没有 NO_3^--N 的积累；其中，对照菌液将 NO_3^--N 的浓度从 4.797mg/L 完全降解至检出限；而各菌粉的 NO_3^--N 去除率分别为 72.09％、79.17％、82.61％ 和 78.95％。当 NaCl 的浓度在 0％～2％时，随着保护剂中 NaCl 浓度的增大，菌粉的 NO_3^--N 去除率也快速增加，在 NaCl 浓度为 2％时达到了最大；当 NaCl 的浓度大于 2％，继续增大 NaCl 的浓度，NO_3^--N 的去除率开始降低。

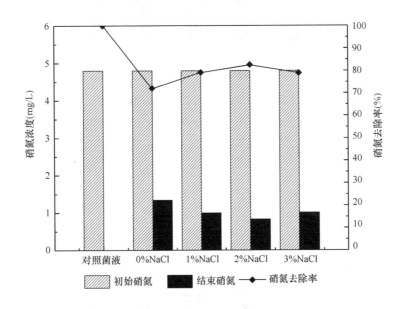

图 6-13　NaCl 浓度对 NO_3^--N 去除的影响

Fig. 6-13　Effect of NaCl concentration on removal of NO_3^--N

由图 6-14 可知，NaCl 浓度对 NO_3^--N 的去除率有影响。经过 96h 培养后，各组整个反应过程均没有 NO_3^--N 的积累；其中对照菌液将 NO_3^--N 的浓度从 4.797mg/L 完全降解至检出限；而各菌粉的 NO_3^--N 去除率分别为 72.09％、79.17％、82.61％ 和 78.95％。当 NaCl 的浓度在 0％～2％时，随着保护剂中 NaCl 浓度的增大，菌粉的 NO_3^--N 去除率也快速增加，在 NaCl 浓度为 2％时达到了最大；当 NaCl 的浓度大于 2％时，继续增大 NaCl 的浓度，NO_3^--N 的去除率开始降低。

如图 6-15 所示，NaCl 保护剂的浓度对 NO_2^--N 浓度的变化略有影响。各组的 NO_2^--N 浓度始终都处于很低的水平，最高浓度不超过 0.08mg/L；反应结束后，对照菌液与各组菌粉的出水水样中均无 NO_2^--N 的积累，各组对 NO_2^--N 的去除相差不多。96h 后，NO_2^--N 去除率分别为 74.61％、63.69％、69.25％、72.61％ 和 67.05％。

耐盐反硝化菌 F5 冻干前后对 COD 的降解能力如图 6-16 所示，NaCl 浓度对 F5 冻干

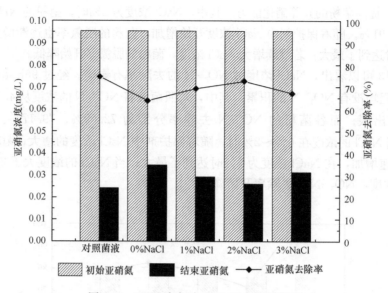

图 6-14　NaCl 浓度对 NO_3^--N 去除的影响

Fig. 6-14　Effect of NaCl concentration on removal of NO_3^--N

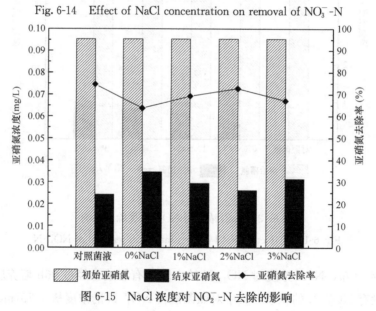

图 6-15　NaCl 浓度对 NO_2^--N 去除的影响

Fig. 6-15　Effect of NaCl concentration on removal of NO_2^--N

菌粉降解 COD 的能力略有影响。与对照菌液相比，各菌粉对 COD 的去除率均低于菌液，分别为对照菌液的 94.50%、96.91%、97.53% 和 95.70%。与对照菌粉相比，加入 NaCl 保护剂各组菌粉的 COD 去除率均高于对照菌粉，加入 1%NaCl、2%NaCl 和 3%NaCl 的菌粉对 COD 的去除率分别为 75.26%、75.74% 和 75.02%。

　　综上所述，耐盐反硝化菌 F3 和 F5 冻干前后的菌液和菌粉不仅具有反硝化能力，同时还具有异养硝化能力，脱氮率均可达到 70% 以上，并且对 COD 有较好的降解能力。在保护剂中加入一定浓度的 NaCl，可以提高冻干菌粉的反硝化能力和异养硝化能力，对有机物的去除影响较小。

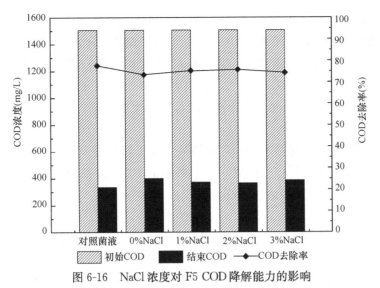

图 6-16　NaCl 浓度对 F5 COD 降解能力的影响

Fig. 6-16　Effect of NaCl concentration on COD removal efficiency of F5

3. NaCl 对耐盐硝化菌冻干菌粉处理能力的影响

以亚硝酸钠为唯一氮源、碳酸钠为唯一碳源，将耐盐硝化菌 X23 的菌液按 6% 接种量接种到 100mL 的高盐含氮废水中，在恒温振荡培养箱中，温度为 30℃、转速为 125r/min 培养 48h。再将添加不同浓度 NaCl 保护剂的冻干菌粉加无菌水进行复溶，以未加 NaCl 保护剂的冻干菌粉做对照，30℃振荡复溶 30min。然后，把各复溶菌液按 6% 的接种量接种到 100mL 的高盐含氮废水中，在相同条件下振荡培养 48h，测定水样中 NO_2^--N、NO_3^--N 浓度和 COD 的含量，考察其硝化能力与 COD 降解能力。

耐盐硝化菌 X23 冻干前后对 NO_2^--N 的去除如图 6-17 所示，NaCl 浓度对 NO_2^--N 的去除率影响很大。与对照菌液相比，各菌粉的 NO_2^--N 去除率均低于菌液，去除率分别是

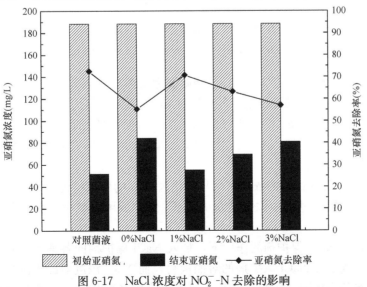

图 6-17　NaCl 浓度对 NO_2^--N 去除的影响

Fig. 6-17　Effect of NaCl concentration on removal of NO_2^--N

对照菌液的 76.36％、97.55％、87.22％和 78.70％。其中当 NaCl 的浓度为 1％时，NO_2^--N 的去除效果最好，去除率为 70.77％。与对照菌粉相比，加入 NaCl 的各组菌粉对 NO_2^--N 的降解能力均高于对照菌粉；随着 NaCl 浓度的开始逐渐增大，菌粉对 NO_2^--N 的去除率从 55.40％上升到了 70.77％；在 NaCl 浓度为 1％时，菌粉的 NO_2^--N 去除率达到最高，去除效果与对照菌液相差不多；随着 NaCl 浓度的继续增加，菌粉的 NO_2^--N 去除率开始下降。

如图 6-18 所示，NaCl 浓度对 NO_3^--N 的浓度变化影响很大。经过 48h 培养后，耐盐硝化菌 X23 将部分 NO_2^--N 转化成 NO_3^--N，各组的 NO_3^--N 都大量积累，对照菌液与各菌粉的出水水样中 NO_3^--N 浓度分别达到了 82.97mg/L、56.02mg/L、79.33mg/L、66.23mg/L、54.97mg/L。

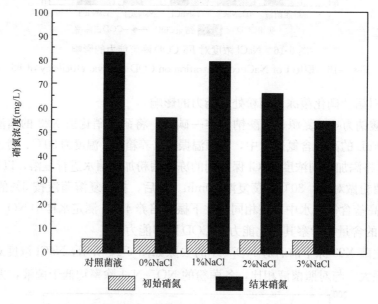

图 6-18　NaCl 浓度对 NO_3^--N 去除的影响

Fig. 6-18　Effect of NaCl concentration on removal of NO_3^--N

耐盐硝化菌 X23 冻干前后对 COD 的降解能力如图 6-19 所示，NaCl 浓度对 COD 降解能力的影响很大。与对照菌液相比，各菌粉对 COD 的去除率均有所下降，分别为对照菌液的 58.16％、87.12％、81.66％和 65.83％。与对照菌粉相比，加入 NaCl 保护剂后，COD 去除率均有提高；加入 1％、2％和 3％NaCl 的菌粉，对 COD 去除率分别达到57.42％、55.10％和 44.81％。

由此可知，NaCl 保护剂的浓度对耐盐硝化菌 X23 的脱氮特性和有机物的去除能力影响显著。冻干菌粉制备过程中添加适量的 NaCl 保护剂可以减少细胞损伤，提高菌粉的性能。

综上所述，在 NaCl 保护剂的作用下，加入 NaCl 保护剂的各冻干菌粉的存活率和处理能力均要高于其未加 NaCl 保护剂的对照菌粉，而 NaCl 浓度对冻干耐盐脱氮复合菌剂中各菌株的影响各不相同，在制备过程中需综合考察各菌株冻干菌粉的存活率与脱氮能力，以确定最佳 NaCl 浓度。

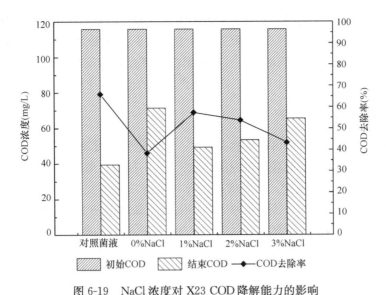

图 6-19　NaCl 浓度对 X23 COD 降解能力的影响

Fig. 6-19　Effect of NaCl concentration on COD removal efficiency of X23

（1）NaCl 浓度对不同菌株的存活率影响显著。其中，对耐盐硝化菌 X23 的存活率影响最大。选择 1% NaCl 作为基础保护剂，耐盐反硝化菌 F3、耐盐反硝化菌 F5、耐盐硝化菌 X23 和普通耐盐菌 N39 冻干菌粉的存活率分别提高了 21.38%、7.41%、33.49% 和 15.47%。

（2）NaCl 浓度对冻干菌粉的脱氮能力也有较大影响。当 NaCl 浓度为 1% 时，F3 的反硝化脱氮率和异养硝化 NH_4^+-N 去除率分别为 86.65% 和 69.47%；F5 的反硝化脱氮率和异养硝化 NH_4^+-N 去除率分别为 92.69% 和 64.67%；X23 的 NO_2^--N 去除率为 70.77%；N39 的 COD 去除率为 79.77%。因此，考虑在提高各冻干菌粉存活率的同时，保证冻干菌粉具有较高的脱氮效果，优选最佳 NaCl 浓度为 1%。

6.2　耐盐脱氮冻干菌粉保护剂优化

不同的保护剂具有不同的保护效果，单一的保护剂一般无法满足要求，因此保护剂通常按照一定的配方复合使用。一般制备冻干菌粉的保护剂通常有糖类保护剂、蛋白类保护剂、醇类保护剂、氨基类保护剂等。针对嗜盐菌的保护剂常用的有：海藻糖、甘油、蔗糖和脱脂乳。海藻糖保护剂不仅可以在干燥过程中代替水分子形成氢键，还可以在冷冻过程中形成非晶体的玻璃态基质；甘油保护剂可以渗入细胞内减少冰晶的形成；蔗糖保护剂上的羟基可以与细胞膜或蛋白质上的基团形成氢键；脱脂乳保护剂可以包裹在菌体外，减少菌体的暴露面积[130-132]。本章选取以上 4 种保护剂制备耐盐脱氮复合菌液冻干菌粉。

分别以复合菌液和以 1%NaCl 为基础保护剂的菌粉作为对照，分别对海藻糖、甘油、蔗糖和脱脂乳粉 4 种保护剂在不同浓度下制备的冻干菌粉的存活率和处理效果进行分析，得到各保护剂的最佳浓度范围，采用四因素三水平 L_9（3^4）正交试验优化保护剂的配比组成，从而得到最优冻干保护剂配方及其使用效果。

此外，不同的冻干工艺条件对菌粉的制备也有影响。因此，在采用最优保护剂配方的基础上，通过正交试验设计进一步研究了预冻温度（T）、预冻时间（t_1）、菌泥与保护剂的混合比例（a）以及混合平衡时间（t_2）对耐盐脱氮复合菌剂冻干效果的影响，设计了 L_{18}（2×3^7）正交试验优化冻干条件，从而获得最佳的冻干工艺条件。

6.2.1 海藻糖对菌粉的影响

在冻干的过程中，海藻糖可以形成高黏度、低流动性的玻璃态基质，减弱了冷冻时冰晶的机械损伤作用，稳定细胞膜和蛋白质结构[133-134]。同时，海藻糖上的羟基可以与细胞膜或蛋白质上的基团形成氢键，从而保持菌体结构与功能的完整性[135-136]。在本试验中，将耐盐反硝化菌 F3 和 F5、耐盐硝化菌 X23 与普通耐盐菌 N39 按照 1：1：10：60 的比例混合成耐盐脱氮复合菌剂。研究基础保护剂中加入不同浓度的海藻糖对冻干复合菌剂的影响，获得保护效果好的最适浓度。

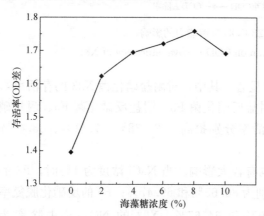

图 6-20　海藻糖添加量对存活率的影响
Fig. 6-20　Effect of trehalose addition on survival rate

1. 对冻干菌粉存活率的影响

耐盐脱氮复合菌剂的冻干存活率与海藻糖浓度的关系如图 6-20 所示，海藻糖的浓度对复合菌剂冻干菌粉的存活率有影响。经过 36h 培养后，投加海藻糖浓度分别为 0、2%、4%、6%、8% 和 10% 时冻干菌粉的 OD 差分别为 1.396、1.624、1.695、1.721、1.795 和 1.692。与对照菌粉相比，加入海藻糖保护剂的各组菌粉的存活率均高于对照菌粉，投加海藻糖浓度分别为 2%、4%、6%、8% 和 10% 时冻干菌粉的存活率分别高出了对照菌粉的 16.33%、21.42%、23.28%、26.00% 和 21.20%。这是因为海藻糖保护剂在冻干过程中，能够有效地阻止冰晶的形成，减少对细胞的损伤[137-138]。并且，还可以填补损失水分子后的空缺，从而形成对菌体细胞相对稳定的保护层[139]。随着海藻糖浓度的上升，冻干菌粉的存活率开始逐渐增大。在海藻糖浓度为 8% 时冻干菌粉的存活率达到最大。继续上升，冻干菌粉的存活率开始逐渐减小。研究表明，在一定浓度范围内，保护剂的保护作用随浓度的升高而增加；当达到某一浓度时，其保护作用呈现最大化；继续升高保护剂的浓度，保护效果无显著增加，甚至呈下降趋势[140-141]。因此，当海藻糖浓度为 8% 时，菌粉的存活率最高。

2. 海藻糖浓度对处理能力的影响

以氯化铵为唯一氮源、乙酸钠为唯一碳源，将按 1：1：10：60 比例混合后的耐盐脱氮复合菌剂的菌液和各冻干菌粉分别接种到 100mL 的模拟海水中，在恒温振荡培养箱中摇培 36h，测定出水水样中的 NH_4^+-N、NO_3^--N、NO_2^-N 浓度和 COD 值，考察冻干前后菌液与菌粉的 COD 降解能力和脱氮性能。

由图 6-21 可知，海藻糖的浓度影响复合菌剂冻干菌粉的脱氮率。与对照菌液相比，各菌粉的脱氮率均低于菌液，投加海藻糖浓度分别为0、2%、4%、6%、8%和10%时冻干菌粉的脱氮率分别为对照菌液的81.54%、91.83%、93.05%、97.45%、95.59%和92.37%。其中海藻糖浓度为6%时，菌粉的脱氮率最高，为95.85%。与对照菌粉相比，加入海藻糖保护剂的菌粉的脱氮率均达到90%以上，均高于对照菌粉，投加海藻糖浓度分别为2%、4%、6%、8%和10%时冻干菌粉的脱氮率分别比对照菌粉提高了12.62%、14.11%、19.51%、17.23%和13.29%。可以看出海藻糖保护剂可以显著提高菌粉的脱氮能力。随着海藻糖浓度的逐渐增加，菌粉的脱氮率也快速随之提高；在浓度为6%时，菌粉的脱氮率达到最大；浓度大于6%以后，继续增大海藻糖的浓度，菌粉的脱氮率呈略微下降趋势。

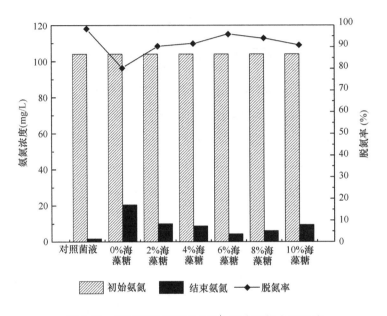

图 6-21　海藻糖添加量对 NH_4^+-N 降解能力的影响

Fig. 6-21　Effect of trehalose addition on NH_4^+-N removal efficiency

由图 6-22 可以看出，海藻糖的浓度对 NO_3^--N 浓度的变化影响很大。整个反应过程没有 NO_3^--N 的积累。其中，对照菌液可以将 NO_3^--N 完全降解至检出限以下。与对照菌液相比，各菌粉的 NO_3^--N 去除率均低于菌液，投加海藻糖浓度分别为 0、2%、4%、6%、8%和10%时冻干菌粉具有的 NO_3^--N 去除率分别是对照菌液的 30.8%、56.85%、84.07%、94.92%、90.79%和69.57%。当海藻糖浓度在 0～6%时，随着海藻糖浓度的增加，NO_3^--N 去除率也快速增加，从 30.80%上升到 94.92%；当海藻糖浓度为 6%时，NO_3^--N 去除率达到最大，此时 NO_3^--N 去除率比对照菌粉提高了 208.18%；当海藻糖浓度在 6%～8%时，NO_3^--N 去除率均在 90%以上；当海藻糖浓度大于 8%时，NO_3^--N 去除率随着海藻糖浓度的增大开始快速下降。

同时，各组的 NO_2^--N 浓度都很低，仅为 0.022mg/L。经过 36h 培养后，各组出水水样中 NO_2^--N 浓度全都降至检出限以下，没有 NO_2^--N 的积累。

耐盐脱氮复合菌剂冻干前后对 COD 降解能力如图 6-23 所示，海藻糖的浓对复合菌剂

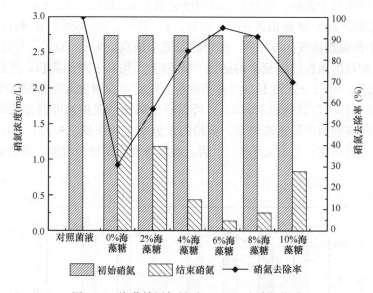

图 6-22 海藻糖添加量对 NO_3^--N 去除的影响

Fig. 6-22 Effect of different trehalose addition on removal of NO_3^--N

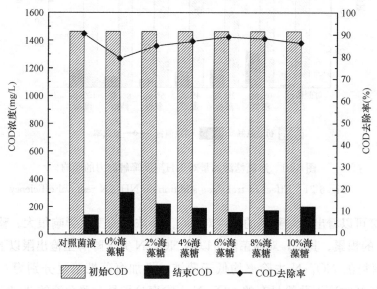

图 6-23 海藻糖添加量对 COD 降解能力的影响

Fig. 6-23 Effect of trehalose addition on COD removal efficiency

冻干菌粉的 COD 降解能力影响不显著。经过 36h 培养后，对照菌液与投加海藻糖浓度分别为 0、2%、4%、6%、8% 和 10% 时冻干菌粉的 COD 去除率分别为 90.46%、79.38%、84.98%、87.02%、89.06%、88.2% 和 86.3%。与对照菌液相比，各菌粉的 COD 去除率均低于菌液，投加海藻糖浓度分别为 0、2%、4%、6%、8% 和 10% 时冻干菌粉的 COD 去除率分别为对照菌液的 87.75%、93.94%、96.20%、98.45%、97.50% 和 95.40%，其中加入 6% 海藻糖保护剂的菌粉 COD 去除效果最好，去除率为 89.06%。

与对照菌粉相比，加入海藻糖保护剂的菌粉的 COD 去除率均高于对照菌粉，去除率均在 80％以上，投加海藻糖浓度分别为 2％、4％、6％、8％和 10％时冻干菌粉的 COD 去除率分别比对照菌粉提高了 7.05％、9.62％、12.19％、11.11％和 8.72％。随着加入的海藻糖浓度逐渐增加，菌粉对 COD 的降解能力先逐渐缓慢增强，在海藻糖浓度为 6％时 COD 的降解能力达到最佳；再继续增大海藻糖浓度，菌粉对 COD 的降解能力开始逐渐减弱。

综上可知，海藻糖的浓度对冻干菌粉的影响主要体现在其存活率和脱氮性能上，而对于 COD 的降解影响不大。添加适当浓度的海藻糖可以提高冻干菌粉的存活率和脱氮率。本试验获得最佳存活率时，添加海藻糖的浓度为 8％；获得最佳脱氮率和 COD 最好去除效果时，添加海藻糖的浓度为 6％。

6.2.2　甘油对菌粉的影响

甘油是具有良好渗透性的冷冻保护剂，在微生物冷冻过程中发挥着重要作用，它可以扩散到细胞内，减少细胞内冰晶的形成，能够促进微生物悬浮液玻璃态的形成[122]。在本试验中，将耐盐反硝化菌 F3 和 F5、耐盐硝化菌 X23 与普通耐盐菌 N39 按照 1∶1∶10∶60 的比例混合成耐盐脱氮复合菌剂。研究基础保护剂中加入不同浓度的甘油对冻干复合菌剂的影响，获得保护效果好的最适浓度。

1. 甘油浓度对菌粉存活率的影响

耐盐脱氮复合菌剂的冻干存活率与甘油浓度的关系如图 6-24 所示，甘油的浓度对复合菌剂冻干菌粉的存活率影响不大。经过 36h 培养后，投加甘油浓度分别为 0、2％、4％、6％、8％和 10％时冻干菌粉的 OD 差分别为 1.382、1.535、1.485、1.477、1.412 和 1.401。与对照菌粉相比，加入甘油保护剂的各组菌粉的存活率均高于对照菌粉，投加甘油浓度分别为 2％、4％、6％、8％和 10％时冻干菌粉的存活率分别高出了对照菌粉的 11.07％、7.45％、6.87％、2.17％和 1.37％。随着甘油浓度的逐渐增大，冻干菌

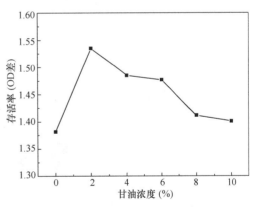

图 6-24　甘油添加量对存活率的影响

Fig. 6-24　Effect of glycerine addition on survival rate

粉的存活率开始逐渐增加；在甘油浓度为 2％时，冻干菌粉的存活率达到最大；随着甘油浓度的继续增大，冻干菌粉的存活率开始减小。因此，在保护剂中加入适量浓度的甘油溶液可以减轻冻干过程对复合菌剂细胞造成的损伤，对复合菌剂的存活起到一定的保护作用，这是由于甘油所具有的羟基与蛋白质形成氢键，保证了蛋白质的稳定性。但过量浓度的甘油不仅不会起到保护作用，反而还会降低冻干菌粉的存活率，可能是由于对蛋白质的稳定作用达到了极限，蛋白质发生变性。当甘油浓度为 2％时，菌粉的存活率最高。

2. 甘油浓度对菌粉处理能力的影响

在本试验中，以氯化铵为唯一氮源、乙酸钠为唯一碳源，将按 1∶1∶10∶60 比例混

合后的耐盐脱氮复合菌剂的菌液和各冻干菌粉分别接种到 100mL 的模拟海水中，在恒温振荡培养箱中摇培 36h，测定出水水样中的 NH_4^+-N、NO_3^--N、NO_2^--N 浓度和 COD，考察冻干前后菌液与菌粉的 COD 降解能力和脱氮性能。

从图 6-25 中可以看出，甘油的浓度对复合菌剂冻干菌粉的脱氮率有影响。与对照菌液相比，各菌粉的脱氮率均低于菌液，投加甘油浓度分别为 0、2％、4％、6％、8％ 和 10％ 时冻干菌粉的脱氮率分别为对照菌液的 81.92％、91.70％、90.48％、90.22％、84.95％ 和 84.01％。其中甘油浓度为 2％ 时，菌粉的脱氮率最高，为 89.15％。与对照菌粉相比，加入甘油保护剂的菌粉的脱氮率均高于对照菌粉，且均达到 80％ 以上，投加甘油浓度分别为 2％、4％、6％、8％ 和 10％ 时冻干菌粉的存活率分别高出了对照菌粉的 11.94％、10.45％、10.13％、3.70％ 和 2.55％，可以看出甘油保护剂的加入可以提高菌粉的脱氮能力。当甘油浓度在 0％～2％ 时，菌粉的脱氮率随着甘油浓度的增加而快速提高，菌粉的脱氮率从 79.64％ 升高到了 89.15％，达到了最大；甘油浓度在 2％～6％ 时，菌粉的脱氮率随着甘油浓度的增大开始略有降低，但脱氮率始终在 85％ 以上；当甘油浓度大于 6％ 时，菌粉的脱氮率随着甘油浓度的增大而降低。

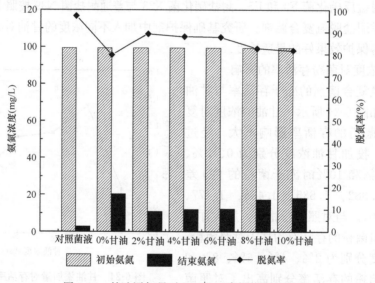

图 6-25　甘油添加量对 NH_4^+-N 降解能力的影响

Fig. 6-25　Effect of glycerine addition on NH_4^+-N removal efficiency

由图 6-26 可以看出，甘油的浓度对 NO_3^--N 浓度的变化影响很显著。整个反应过程没有 NO_3^--N 的积累。与对照菌液相比，各菌粉的 NO_3^--N 去除率均低于菌液，投加甘油浓度分别为 0、2％、4％、6％、8％ 和 10％ 时冻干菌粉的 NO_3^--N 去除率分别是对照菌液的 24.15％、88.28％、74.32％、71.36％、47.00％ 和 43.12％。与对照菌粉相比，加入甘油保护剂的菌粉的 NO_3^--N 去除率均高于对照菌粉。其中，甘油浓度为 2％ 时，菌粉的 NO_3^--N 去除率最大，为 98.28％，NO_3^--N 去除率比对照菌粉提高了 265.59％。当甘油浓度在 0％～2％ 时，随着甘油浓度的增加，NO_3^--N 的去除率也快速提高，从 22.64％ 上升到 82.77％；在 2％ 时 NO_3^--N 去除率达到最大，为 82.77％；当甘油浓度在 2％～6％ 时，

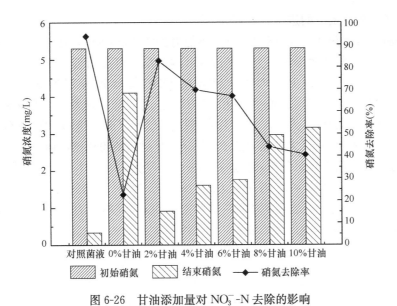

图 6-26 甘油添加量对 NO_3^--N 去除的影响

Fig. 6-26 Effect of glycerine addition on removal of NO_3^--N

NO_3^--N 的去除率开始降低，从 82.77% 降低到 66.91%；当甘油浓度大于 6% 时，NO_3^--N 去除率随着甘油浓度的增大快速下降，从 66.91% 降低到 40.43%。

如图 6-27 所示，甘油浓度的变化对复合菌剂冻干前后出水水样中 NO_2^--N 的浓度产生了影响。各组的 NO_2^--N 浓度始终都处于很低的水平，最高浓度不超过 0.1mg/L；同时，整个反应过程均没有 NO_2^--N 的积累。与对照菌液和对照菌粉相比，加入甘油保护剂的各冻干菌粉的 NO_2^--N 去除率均高于对照菌液和对照菌粉。其中，当甘油浓度为 2% 时，冻干菌粉的 NO_2^--N 去除率最高，为 87.66%，比对照菌液和对照菌粉的 NO_2^--N 去除率分别高出了 66.21% 和 18.28%。由此可见，甘油的加入使各菌粉的 NO_2^--N 降解量明显

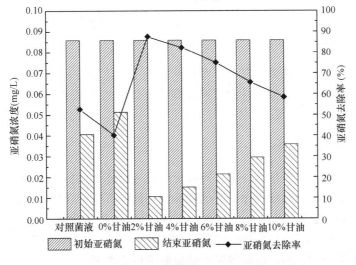

图 6-27 甘油添加量对 NO_2^--N 去除的影响

Fig. 6-27 Effect of glycerine addition on removal of NO_2^--N

增多，促进了反硝化反应的进行。

耐盐脱氮复合菌剂冻干前后对 COD 降解能力如图 6-28 所示，甘油的浓度对复合菌剂冻干菌粉的 COD 降解能力影响不大。经过 36h 培养后，对照菌液与投加甘油浓度分别为 0、2%、4%、6%、8% 和 10% 时冻干菌粉的 COD 去除率分别为 90.9%、79.72%、84.22%、83.08%、82.75%、80.37% 和 79.87%。与对照菌液相比，各菌粉的 COD 去除率均低于菌液，其中加入 2% 甘油保护剂的菌粉 COD 去除效果最好，去除率为 84.22%。保持原菌液 COD 去除能力的 92.65%。与对照菌粉相比，加入甘油保护剂的菌粉的 COD 去除率均高于对照菌粉，投加甘油浓度分别为 2%、4%、6%、8% 和 10% 时冻干菌粉的 COD 去除率分别高出了对照菌粉的 5.64%、4.21%、3.80%、0.82% 和 0.19%。随着加入的甘油浓度逐渐增加，菌粉对 COD 的降解能力先逐渐增强，在甘油浓度为 2% 时，COD 的降解能力达到最大；再继续增大甘油浓度，菌粉对 COD 的降解能力开始逐渐减弱。

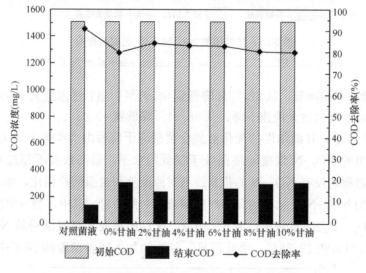

图 6-28　甘油添加量对 COD 降解能力的影响

Fig. 6-28　Effect of glycerine addition on COD removal efficiency

因此可以发现，甘油的浓度对冻干菌粉的影响主要体现在脱氮性上，而对于 COD 的降解影响不大。添加适当浓度的甘油可以提高冻干菌粉的脱氮率与对 COD 降解能力，当甘油浓度为 2% 时各项达到最大。

6.2.3　蔗糖对菌粉的影响

蔗糖是一种非还原性低聚糖，常在冷冻干燥过程中作为保护剂成分之一。这是由于蔗糖不仅能在预冻过程中起到低温保护剂的功能，还能在真空干燥过程中起到脱水保护剂的作用[142-144]。在本试验中，将耐盐反硝化菌 F3 和 F5、耐盐硝化菌 X23 与普通耐盐菌 N39 按照 1∶1∶10∶60 的比例混合成耐盐脱氮复合菌剂。研究基础保护剂中加入不同浓度的蔗糖对冻干复合菌剂的影响，以获得保护效果好的最适浓度。

1. 蔗糖浓度对菌粉存活率的影响

耐盐脱氮复合菌剂的冻干存活率与蔗糖浓度的关系如图 6-29 所示，蔗糖的浓度对复合菌剂冻干菌粉的存活率有影响。经过 36h 培养后，投加蔗糖浓度分别为 0、4%、8%、12%、16% 和 20% 时冻干菌粉的 OD 差分别为 1.401、1.558、1.656、1.604、1.589 和 1.494。与对照菌粉相比，加入蔗糖保护剂的各组菌粉的存活率均高于对照菌粉，投加蔗糖浓度分别为 4%、8%、12%、16% 和 20% 时冻干菌粉的存活率分别高出了对照菌粉的 11.29%、18.29%、14.57%、13.50% 和 6.71%。这是因为蔗糖在溶液中发生水合作用，从而减缓冰晶的形成，使形成的冰晶比较细小，达到保护菌体的目的[145]。随着蔗糖浓度的上升，冻干菌粉的存活率开始逐渐增大。

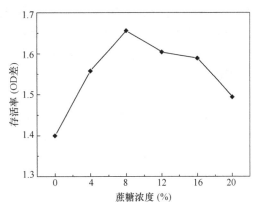

图 6-29　蔗糖添加量对存活率的影响

Fig. 6-29　Effect of sucrose addition on survival rate

在蔗糖浓度为 8% 时冻干菌粉的存活率达到最大。随着蔗糖浓度的继续上升，冻干菌粉的存活率开始逐渐减小。可能是由于蔗糖浓度过大，会使电解质浓度显著增加，从而导致菌体细胞脱水死亡。因此，当蔗糖浓度为 8% 时，菌粉的存活率最高。

2. 蔗糖浓度对菌粉处理能力的影响

在本试验中，以氯化铵为唯一氮源、乙酸钠为唯一碳源，将按 1∶1∶10∶60 比例混合后的耐盐脱氮复合菌剂的菌液和各冻干菌粉分别接种到 100mL 的模拟海水中，在恒温振荡培养箱中摇培 36h，测定出水水样的 NH_4^+-N、NO_3^--N、NO_2^--N 浓度和 COD 值，考察冻干前后菌液与菌粉的 COD 降解能力和脱氮性能。

由图 6-30 中可知，蔗糖的浓度对复合菌剂冻干菌粉的脱氮率影响较大。与对照菌液相比，各菌粉的脱氮率均低于菌液，投加蔗糖浓度分别为 0%、4%、8%、12%、16% 和

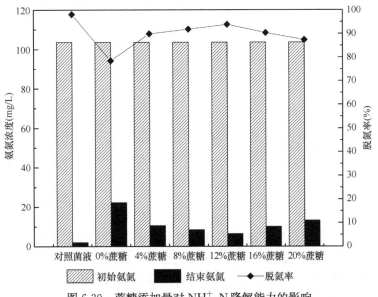

图 6-30　蔗糖添加量对 NH_4^+-N 降解能力的影响

Fig. 6-30　Effect of sucrose addition on NH_4^+-N removal efficiency

20％时冻干菌粉的脱氮率分别为对照菌液的 80.10％、91.65％、93.66％、95.66％、92.10％和89.10％。其中，蔗糖浓度为12％时，菌粉的脱氮率最高，高达93.8％。与对照菌粉相比，加入蔗糖保护剂的菌粉的脱氮率均达到85％以上，均高于对照菌粉，投加蔗糖浓度分别为4％、8％、12％、16％和20％时冻干菌粉的存活率分别高出了对照菌粉的 14.41％、15.45％、19.41％、14.97％和11.15％，由此可以看出蔗糖保护剂可以提高菌粉的脱氮能力。随着蔗糖浓度的逐渐增加，菌粉的脱氮率也快速随之提高；在浓度为12％时，菌粉的脱氮率达到最大；浓度大于12％以后，继续增大蔗糖的浓度，菌粉的脱氮率开始呈下降趋势。

由图6-31可知，蔗糖的浓度对 NO_3^--N 浓度的变化影响很大。整个反应过程没有 NO_3^--N 的积累。与对照菌液相比，各菌粉的 NO_3^--N 去除率均低于菌液，投加蔗糖浓度分别为0、4％、8％、12％、16％和20％时冻干菌粉的 NO_3^--N 去除率分别是对照菌液的 48.36％、66.32％、76.62％、89％、83.32％和54.55％。与对照菌粉相比，加入蔗糖保护剂的菌粉的 NO_3^--N 去除率均高于对照菌粉。其中，蔗糖浓度为12％时，菌粉的 NO_3^--N 去除率最大。同时，NO_3^--N 去除率比对照菌粉提高了84.04％。当蔗糖浓度在0~12％时，随着蔗糖浓度的增加，NO_3^--N 去除率也快速提高，从45.57％上升到83.83％，并在12％时达到最大；当蔗糖浓度大于12％时，NO_3^--N 去除率随着蔗糖浓度的增大，开始快速下降。

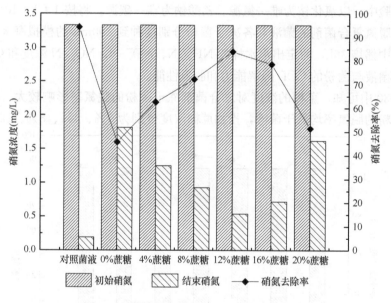

图 6-31 蔗糖添加量对 NO_3^--N 去除的影响

Fig. 6-31 Effect of sucrose addition on removal of NO_3^--N

如图6-32所示，保护剂中蔗糖的浓度对复合菌剂冻干菌粉对 NO_2^--N 的去除率有一定影响。各组的 NO_2^--N 浓度始终都处于很低的水平，最高浓度不超过0.08mg/L；同时，整个反应过程均没有 NO_2^--N 的积累。与对照菌液和对照菌粉相比，加入蔗糖保护剂菌粉的 NO_2^--N 去除率均高于对照菌粉，但均低于对照菌液。其中，当蔗糖浓度为12％时，冻干菌粉的 NO_2^--N 去除率最高，为54.68％，保持原菌液 NO_2^--N 去除能力的99.69％，比

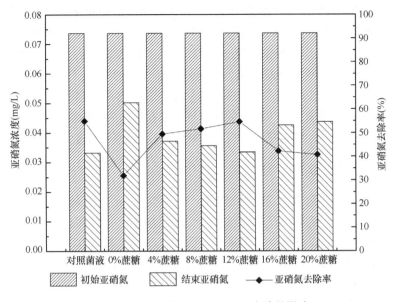

图 6-32　蔗糖添加量对 NO_2^--N 去除的影响

Fig. 6-32　Effect of sucrose addition on removal of NO_2^--N

对照菌粉的 NO_2^--N 去除率高出了 71.46%。这说明，蔗糖的加入可以提高菌粉对 NO_2^--N 的降解能力。

　　耐盐脱氮复合菌剂冻干前后对 COD 降解能力如图 6-33 所示，蔗糖的浓度对复合菌剂冻干菌粉的 COD 降解能力有影响。经过 36h 培养后，对照菌液与投加蔗糖浓度分别为 0、4%、8%、12%、16% 和 20% 时冻干菌粉的 COD 去除率分别为 90.93%、79.39%、83.60%、86.89%、88.25%、87.31% 和 82.44%。与对照菌液相比，各菌粉的 COD 去除率均低于菌液。其中，加入 12% 蔗糖保护剂的菌粉 COD 去除效果最好，去除率为

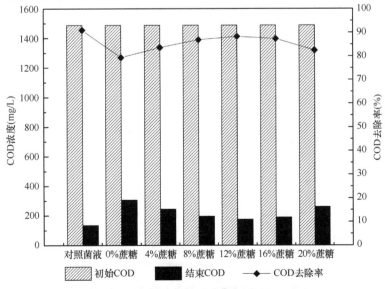

图 6-33　蔗糖添加量对 COD 降解能力的影响

Fig. 6-33　Effect of sucrose addition on COD removal efficiency

88.25%，保持原菌液 COD 去除能力的 97.05%。与对照菌粉相比，加入蔗糖保护剂的菌粉的 COD 去除率均高于对照菌粉，去除率均在 80% 以上。其中，当蔗糖浓度为 12% 时，冻干菌粉的 COD 去除率比对照菌粉高出了 11.16%。随着加入的蔗糖浓度逐渐增加，菌粉对 COD 的降解能力先逐渐缓慢增强，在蔗糖浓度为 12% 时，COD 的降解能力达到最佳；再继续增大蔗糖浓度，菌粉对 COD 的降解能力开始逐渐减弱。

综上所述，蔗糖的浓度对冻干菌粉的脱氮特性和有机物的去除均有影响。添加适当浓度的蔗糖可以提高冻干菌粉的脱氮率与 COD 去除率，并且在蔗糖浓度为 12% 时达到最大。

6.2.4 脱脂乳粉对菌粉的影响

脱脂乳粉主要在细胞表面起保护作用，包裹菌体减少菌体损伤，防止蛋白质变性[146-148]。在本试验中，将耐盐反硝化菌 F3 和 F5、耐盐硝化菌 X23 与普通耐盐菌 N39 按照 1∶1∶10∶60 的比例混合成耐盐脱氮复合菌剂。研究基础保护剂中加入不同浓度的脱脂乳粉对冻干复合菌剂的影响，以期获得具有良好保护效果的脱脂乳粉的最适浓度。

1. 脱脂乳粉浓度对菌粉存活率的影响

耐盐脱氮复合菌剂的冻干存活率与脱脂乳粉浓度的关系如图 6-34 所示，脱脂乳粉的浓度对复合菌剂冻干菌粉的存活率有较大影响。经过 36h 培养后，投加脱脂乳粉浓度分别为 0、5%、10%、15% 和 20% 时，冻干菌粉的 OD 差分别为 1.402、1.685、1.649、1.629 和 1.521。与对照菌粉相比，加入脱脂乳粉保护剂的各组菌粉的存活率均高于对照菌粉，投加脱脂乳粉浓度分别为 5%、10%、15% 和 20% 时，冻干菌粉的存活率分别高出了对照菌粉的 20.19%、17.62%、16.19% 和 8.49%。随着脱脂乳粉浓度的逐渐增大，冻干菌粉的存活率开始逐渐增加；在脱脂乳粉浓度为 5% 时，冻干菌粉的存活率达到最大；若脱脂乳粉浓度的继续增大，冻干菌粉的存活率开始减小。这是因为脱脂乳粉可以少菌体的暴露面积，在菌体表面形成保护膜；而浓度过大，脱脂乳粉中的乳糖可能会对菌体细胞

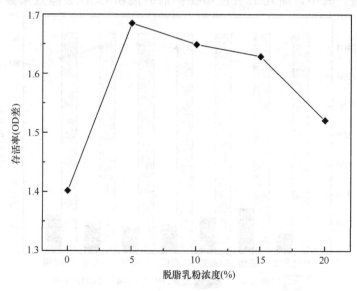

图 6-34　脱脂乳粉添加量对存活率的影响

Fig. 6-34　Effect of skim milk addition on survival rate

产生损伤，使存活率下降。当脱脂乳粉浓度为 5％时，菌粉的存活率最高。

2. 脱脂乳粉浓度对菌粉处理能力的影响

以氯化铵为唯一氮源、乙酸钠为唯一碳源，将按 1∶1∶10∶60 比例混合后的耐盐脱氮复合菌剂的菌液和各冻干菌粉分别接种到 100mL 的模拟海水中，在恒温振荡培养箱中摇培 36h，测定出水水样的 NH_4^+-N、NO_3^--N、NO_2^--N 浓度和 COD 值，考察冻干前后菌液与菌粉的 COD 降解能力和脱氮性能。

由图 6-35 可知，脱脂乳粉的浓度对复合菌剂冻干菌粉的脱氮率有一定影响。与对照菌液相比，各菌粉的脱氮率均低于菌液，投加脱脂乳粉浓度分别为 0、5％、10％、15％和 20％时，冻干菌粉的脱氮率分别为对照菌液的 81.32％、95.13％、92.31％、91.90％和 89.67％。其中，脱脂乳粉浓度为 5％时，菌粉的脱氮率最高，为 93.02％。与对照菌粉相比，加入脱脂乳粉保护剂的菌粉的脱氮率均达到 85％以上，并且均高于对照菌粉。投加脱脂乳粉浓度分别为 5％、10％、15％和 20％时，冻干菌粉的脱氮率分别高出对照菌粉的 16.98％、13.51％、13.01％和 10.27％。可以看出，脱脂乳粉保护剂的加入可以提高菌粉的脱氮能力。当脱脂乳粉浓度在 0～5％时，菌粉的脱氮率随着脱脂乳粉浓度的增加而快速提高，菌粉的脱氮率从 79.51％提高到 93.02％；当脱脂乳粉浓度大于 5％时，菌粉的脱氮率随着脱脂乳粉浓度的增大而降低。

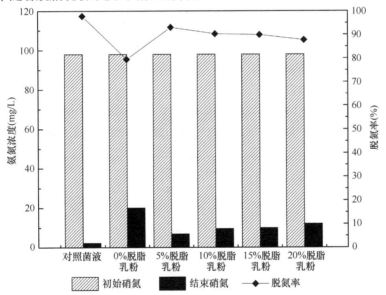

图 6-35　脱脂乳粉添加量对 NH_4^+-N 降解能力的影响

Fig. 6-35　Effect of skim milk addition on NH_4^+-N removal efficiency

由图 6-36 可知，脱脂乳粉的浓度对 NO_3^--N 浓度的变化影响很大。整个反应过程没有 NO_3^--N 的积累。与对照菌液相比，各菌粉的 NO_3^--N 去除率均低于菌液，投加脱脂乳粉浓度分别为 0、5％、10％、15％和 20％时冻干菌粉的 NO_3^--N 去除率分别是对照菌液的 47.50％、89.29％、74.97％、71.89％和 62.07％。与对照菌粉相比，加入脱脂乳粉保护剂的菌粉的 NO_3^--N 去除率均高于对照菌粉。其中，脱脂乳粉浓度为 5％时，菌粉的 NO_3^--N 去除率最大，去除率为 83.03％。此时，NO_3^--N 去除率比对照菌粉提高了

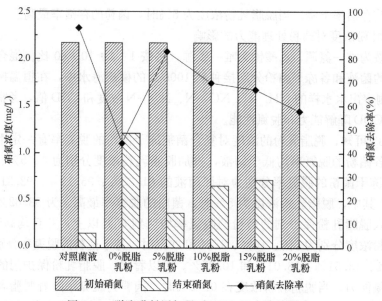

图 6-36　脱脂乳粉添加量对 NO_3^--N 去除的影响

Fig. 6-36　Effect of t skim milk addition on removal of NO_3^--N

87.98％。当脱脂乳粉浓度在 0～5％时，随着脱脂乳粉浓度的增加，NO_3^--N 的去除率也快速提高，从 44.17％上升到 83.03％。当脱脂乳粉浓度大于 5％时，NO_3^--N 去除率随着脱脂乳粉浓度的增大快速下降。

同时各组的 NO_2^--N 浓度都很低，仅为 0.0137mg/L。经过 36h 培养后，各组出水水样中 NO_2^--N 浓度都降解至检出限以下，没有 NO_2^--N 的积累。

耐盐脱氮复合菌剂冻干前后对 COD 降解能力如图 6-37 所示，不同浓度的脱脂乳粉对

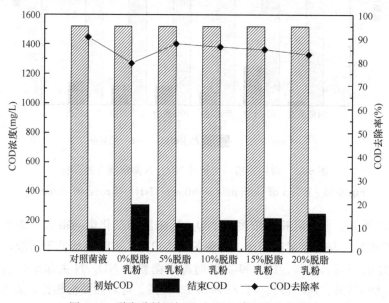

图 6-37　脱脂乳粉添加量对 COD 降解能力的影响

Fig. 6-37　Effect of skim milk addition on COD removal efficiency

复合菌剂冻干菌粉的 COD 降解能力略有影响。经过 36h 培养后，对照菌液与投加脱脂乳粉浓度分别为 0、5％、10％、15％和 20％时冻干菌粉的 COD 去除率分别为 90.34％、79.36％、87.61％、86.30％、85.26％和 83.11％。与对照菌液相比，各菌粉的 COD 去除率均低于菌液，其中加入 5％脱脂乳粉保护剂的菌粉 COD 去除效果最好，去除率为 87.61％，保持原菌液 COD 去除能力的 96.98％。与对照菌粉相比，加入脱脂乳粉保护剂的菌粉的 COD 去除率均高于对照菌粉，其中当脱脂乳粉浓度为 5％时，冻干菌粉的 COD 去除率比对照菌粉高出了 10.40％。随着加入的脱脂乳粉浓度逐渐增加，菌粉对 COD 的降解能力先逐渐增强，在脱脂乳粉浓度为 5％时 COD 的降解能力达到最大；再继续增大脱脂乳粉浓度，菌粉对 COD 的降解能力开始逐渐减弱。

因此，不同浓度的脱脂乳粉对冻干菌粉的影响主要体现在脱氮性能上，而对于 COD 的降解影响并不显著。添加适当浓度的脱脂乳粉可以提高冻干菌粉的脱氮率和 COD 降解率，最佳脱脂乳粉浓度为 5％。

6.2.5 耐盐脱氮复合菌剂冻干保护剂的正交优化

正交优化设计是一种针对多因素多水平的优化试验设计方法。它是从全面试验的样本点中挑选出部分有代表性的样本点做试验，其作用是只用较少的试验次数就可以找出因素水平间的最优搭配或由试验结果通过计算推断出最优搭配[130]。

根据上述四种保护剂的单因素试验结果，应用正交表 L_9（3^4）设计一个四因素-三水平的试验方案，试验因素-水平表见表 6-3。

保护剂正交试验设计 表 6-3

Orthogonal test design of protestant Table 6-3

水平	因素			
	A 海藻糖浓度（％）	B 甘油浓度（％）	C 蔗糖浓度（％）	D 脱脂乳粉浓度（％）
1	4	2	8	5
2	6	4	12	10
3	8	6	16	15

将耐盐反硝化菌 F3 和 F5、耐盐硝化菌 X23 与普通耐盐菌 N39 按照 1∶1∶10∶60 的比例混合成耐盐脱氮复合菌剂。然后，将菌液按照所设计的试验方案分别添加不同组分的保护剂后进行冻干。同时，以氯化铵为唯一氮源、乙酸钠为唯一碳源，将各组冻干菌粉分别接种到 100mL 的高盐含氮废水中，在恒温振荡培养箱中摇培 36h，测定出水水样的 NH_4^+-N 和 TN 浓度，考察各组冻干菌粉的脱氮特性，从而获得最优的冻干保护剂。试验结果如表 6-4 所示。

保护剂正交试验结果 表 6-4

Orthogonal test results of protestant Table 6-4

试验号	A	B	C	D	NH$_4^+$-N 脱氮率 (%)	TN 脱氮率 (%)
1	1	1	1	1	93.3	91.49
2	1	2	2	2	81.47	80.69
3	1	3	3	3	77.69	76.61
4	2	1	2	3	80.6	78.83
5	2	2	3	1	96.51	95.44
6	2	3	3	2	88.63	87.69
7	3	1	1	2	85.98	86.74
8	3	2	2	3	83.67	81.99
9	3	3	2	1	92.26	91.64
K_1	252.46	259.88	265.6	282.07		
K_2	265.74	261.65	254.33	256.08		
K_3	261.91	258.58	260.18	241.99		
$\overline{K_1}$	84.15	86.63	88.53	94.02		
$\overline{K_2}$	88.58	87.22	84.78	85.36		
$\overline{K_3}$	87.3	86.19	86.73	80.65		
R	4.43	1.03	3.75	13.37		
K_1'	249.24	255.51	261.62	279.02		
K_2'	261.96	258.12	251.16	253.12		
K_3'	258.37	255.94	257.79	237.43		
$\overline{K_1'}$	83.08	85.17	87.21	93.01		
$\overline{K_2'}$	87.32	86.04	83.72	84.37		
$\overline{K_3'}$	86.12	85.31	85.6	79.14		
R'	4.24	0.87	3.49	13.86		

从表 6-4 中可以看出，在 9 组试验中第 5 组试验 $A_2B_2C_3D_1$ 的 NH$_4^+$-N 脱氮率和 TN 脱氮率均最高，NH$_4^+$-N 脱氮率和 TN 脱氮率分别为 96.51% 和 95.44%。根据计算结果可以得到，当海藻糖浓度为 6% 时，平均 NH$_4^+$-N 脱氮率和平均 TN 脱氮率均达到最大，分别为 88.58% 和 87.32%；当甘油浓度为 4% 时，平均 NH$_4^+$-N 脱氮率和平均 TN 脱氮率均达到最大，分别为 87.22% 和 86.04%；当蔗糖浓度为 8% 时，平均 NH$_4^+$-N 脱氮率和平均 TN 脱氮率均达到最大，分别为 88.53% 和 87.21%；当脱脂乳粉浓度为 5% 时，平均 NH$_4^+$-N 脱氮率和平均 TN 脱氮率均达到最大，分别为 94.02% 和 93.01%。根据各因素平均 NH$_4^+$-N 脱氮率和平均 TN 脱氮率最高的水平，可以从理论上计算出最优方案为 $A_2B_2C_1D_1$。同时，根据各因素的极差可以发现，脱脂乳粉的极差 $R_D = 13.37$（$R_D' = 13.86$）最大，表明脱脂乳粉对脱氮率的影响程度最大。海藻糖的极差 $R_A = 4.43$（$R_A' = 4.24$）和蔗糖的极差 $R_C = 3.75$（$R_C' = 3.49$）次之，说明海藻糖和蔗糖对脱氮率有一定的影响。甘油的极差 $R_B = 1.03$（$R_B' = 0.87$）最小，说明甘油对脱氮率的影响程度不大。

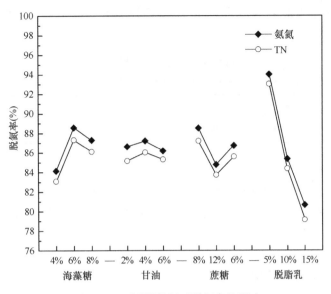

图 6-38　不同保护剂对脱氮率的影响

Fig. 6-38　Effect of different protestant on Nitrogen removal efficiency

由图 6-38 可知，当海藻糖浓度为 6％和甘油浓度为 4％时，保护效果最好。而蔗糖浓度对脱氮率的影响受其他保护剂的交互作用。单因素试验中当蔗糖浓度为 8％时，冻干菌粉的存活率最高；当蔗糖浓度为 12％时，冻干菌粉的处理效果最好。正交试验中，当蔗糖浓度为 8％时，各试验组的脱氮率均达到最大。低浓度脱脂乳粉保护效果较好，脱脂乳粉浓度为 5％时，NH_4^+-N 脱氮率和 TN 脱氮率较其他浓度大幅度升高。

方差分析结果如表 6-5 所示，本试验采用 5％和 10％两个显著水平，海藻糖和脱脂乳粉的 P 值均小于 0.05，说明海藻糖和脱脂乳粉对脱氮率的影响均极显著；蔗糖的 P 值介于 0.05 与 0.1 之间，可以认为蔗糖对脱氮率的影响显著，但影响次于海藻糖和脱脂乳粉。而甘油的 P 值很小，说明甘油对脱氮率的影响不大。

保护剂正交试验方差分析　　　　　　　　　　　　　　　　表 6-5

Analysis of variance for orthogonal test of protestant　　　　　　Table 6-5

项目	平方和	自由度	均方	F 值	P＞F
A	31.19	2	15.595	19.135	0.0497
C	21.11	2	10.555	12.951	0.0717
D	275.94	2	137.97	169.288	0.0059
误差	1.63	2	0.815		
总和	329.87	8			
A′	28.68	2	14.34	19.248	0.0494
C′	18.33	2	9.165	12.302	0.0752
D′	294.4	2	147.2	197.584	0.005
误差	1.49	2	0.745		
总和	339.92	8			

根据正交试验结果得出 $A_2B_2C_3D_1$ 和 $A_2B_2C_1D_1$ 两组最优方案，对两组方案进行试验验证，验证结果如表 6-6 所示。

两种保护剂的保护效果比较　　　　　　　　表 6-6

The comparison for the protection effect of the two kinds of protestants　　　Table 6-6

保护剂方案	冻干前活菌数（cfu/mL）	冻干活菌数（cfu/mL）	存活率	NH_4^+-N 脱氮率	TN 脱氮率
$A_2B_2C_3D_1$	2.25×10^{11}	1.69×10^{11}	75.11%	95.78%	95.01%
$A_2B_2C_1D_1$	2.25×10^{11}	1.86×10^{11}	82.67%	95.96%	95.32%

从表 6-6 可以看出，最优保护剂配方为 $A_2B_2C_1D_1$，即：1%NaCl+6%海藻糖+4%甘油+8%蔗糖+5%脱脂乳粉。

6.3　冻干工艺条件优化

冻干工艺条件的不同也会影响耐盐脱氮复合菌剂冻干菌粉的存活率与处理能力。影响冻干菌粉的存活率和处理能力的因素有很多，如：菌株生长阶段、离心转速与时间、菌泥与冻干保护剂的混合比例与平衡时间、预冻温度与时间和冷冻干燥条件等[125-126]。预冻时间（T）与温度（t_1）影响着冷冻过程中形成冰晶的大小，冰晶过大容易对细胞膜造成损伤；而菌体与冻干保护剂的混合比例（α）与平衡时间（t_2）会影响细胞膜的通透性，减少对菌体的保护效果[128-129]。根据上一阶段试验结果，本段试验采用最优保护剂，应用正交试验设计法设计了一个 L_{18}（2×3^7）试验组，试验设计具体内容见表 6-7。

冻干工艺正交试验设计　　　　　　　　表 6-7

Orthogonal test design of freeze-drying process　　　Table 6-7

水平	因素							
	A T（℃）	B t_1（h）	C α	D t_2（min）	空白	空白	空白	空白
1	−20	12	1:2	15				
2	−45	18	1:1	30				
3		24	2:1	60				

将耐盐反硝化菌 F3 和 F5、耐盐硝化菌 X23 与普通耐盐菌 N39 按照 1:1:10:60 的比例混合成耐盐脱氮复合菌剂。然后将最优保护剂按照所设计的 α 与 t_2 分别与菌泥进行混合。再将混合后的菌液按照所设计的 T 与 t_1 分别进行冷冻，冷冻结束后立即转入冻干机中进行真空干燥。同时，以氯化铵为唯一氮源、乙酸钠为唯一碳源，将各组冻干菌粉分别接种到 100mL 的高盐含氮废水中，在恒温振荡培养箱中摇培 36h，测定出水水样的 NH_4^+-N 和 TN 值，考察各组冻干菌粉的脱氮特性，从而获得最优的冻干工艺条件。试验结果如表 6-8 所示。

冻干工艺正交试验结果　表6-8

Orthogonal test results of freeze-drying process　Table 6-8

试验号	A	B	C	D	空白	空白	空白	空白	NH_4^+-N 脱氮率（%）	TN 脱氮率（%）
1	1	1	1	1	1	1	1	1	89.67	88.96
2	1	1	2	2	2	2	2	2	95.28	94.36
3	1	1	3	3	3	3	3	3	83.79	83.23
4	1	2	1	1	2	2	3	3	88.56	87.87
5	1	2	2	2	3	3	1	1	93.48	92.46
6	1	2	3	3	1	1	2	2	90.1	89.34
7	1	3	1	2	1	3	2	3	92.96	91.87
8	1	3	2	3	2	1	3	1	83.37	82.74
9	1	3	3	1	3	2	1	2	94.02	93.32
10	2	1	1	3	3	2	2	1	84.79	84.14
11	2	1	2	1	1	3	3	2	97.46	96.57
12	2	1	3	2	2	1	1	3	71.91	72.37
13	2	2	1	2	3	1	3	2	90.46	89.11
14	2	2	2	3	1	2	1	3	87.88	87.41
15	2	2	3	1	2	3	2	1	96.92	96.04
16	2	3	1	3	2	3	1	2	82.1	82.23
17	2	3	2	1	3	1	2	3	88.91	87.97
18	2	3	3	2	1	2	3	1	94.19	93.26
K_1	811.23	522.90	528.54	555.54						
K_2	794.62	547.40	546.38	538.28						
K_3		535.55	530.93	512.03						
$\overline{K_1}$	90.14	87.15	88.09	92.59						
$\overline{K_2}$	88.29	91.23	91.06	89.71						
$\overline{K_3}$		89.26	88.49	85.34						
R	1.85	4.08	2.97	7.25						
K_1'	804.15	519.63	524.18	550.73						
K_2'	789.1	542.23	541.51	533.43						
K_3'		531.39	527.56	509.09						
$\overline{K_1'}$	89.35	86.61	87.36	91.79						
$\overline{K_2'}$	87.68	90.37	90.25	88.91						
$\overline{K_3'}$		88.57	87.93	84.85						
R'	1.67	3.77	2.89	6.94						

从表 6-8 中可以看出，在 18 组试验中第 11 组试验 $A_2B_1C_2D_1$ 的 NH_4^+-N 脱氮率和 TN 脱氮率均最高，分别为 97.46% 和 96.57%。根据计算结果可以得到，当 T 为 $-20℃$ 时，平均 NH_4^+-N 脱氮率和平均 TN 脱氮率均达到最大，分别为 90.14% 和 89.35%；当 t_1 为 18h 时，平均 NH_4^+-N 脱氮率和平均 TN 脱氮率均达到最大，分别为 91.23% 和 90.37%；当 $\alpha=1:1$ 时，平均 NH_4^+-N 脱氮率和平均 TN 脱氮率均达到最大，分别为 91.06% 和 90.25%；当 t_2 为 15min 时，平均 NH_4^+-N 脱氮率和平均 TN 脱氮率均达到最大，分别为 92.59% 和 91.79%。根据各因素平均 NH_4^+-N 脱氮率和平均 TN 脱氮率最高的水平，可以从理论上计算出最优方案为 $A_1B_2C_2D_1$。同时，根据各因素的极差可以发现，t_2 的极差 $R_D=7.25$（$R'_D=6.94$）最大，表明 t_2 对脱氮率的影响程度最大。t_1 的极差 $R_B=4.08$（$R'_B=3.77$）、α 的极差 $R_C=2.97$（$R'_C=2.89$）和 T 的极差 $R_A=1.85$（$R'_A=1.67$）依次减小，说明这些因素对脱氮率的影响程度依次减小。

由图 6-38 可知，T 为 $-20℃$ 时冻干保护剂的保护效果优于 T 为 $-45℃$ 时冻的保护效果，说明过低的温度不利于菌体的保护。同时，适宜的 t_1 和 α 可以提高冻干菌粉的脱氮率。当 t_1 过长和过短或 α 改变，都会使冻干菌粉的脱氮率降低。由图 6-39 可得，t_1 为 18h 时冻干保护剂的保护效果和 $\alpha=1:1$ 时冻干保护剂的保护效果，均分别达到最好。而且，t_2 则是时间越短，保护效果越好，冻干菌粉的脱氮率越高；时间过长，会使菌粉的脱氮率大幅度快速降低。

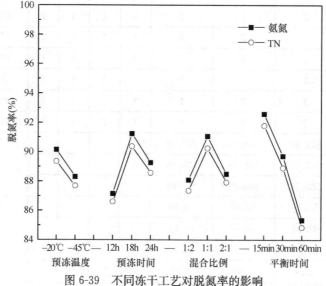

图 6-39　不同冻干工艺对脱氮率的影响

Fig. 6-39　Effect of different freeze-drying process on Nitrogen removal efficiency

根据正交试验结果得出 $A_2B_1C_2D_1$ 和 $A_1B_2C_2D_1$ 两组最优方案，对两组方案进行试验验证，验证结果如表 6-9 所示。

从表 6-9 可以看出，两种冻干工艺条件下冻干菌粉的存活率以及 NH_4^+-N 脱氮率和 TN 脱氮率相差不是很大，两种工艺条件主要差别是在预冻过程中 T 与 t_1，T 相对越低，所需 t_1 时间较短；而 T 相对越高，所需 t_1 时间较长，但在一般冷冻条件下就可以进行预冻过程，不需要特别的低温装置。综上考虑，认为最佳冻干工艺条件为 $A_1B_2C_2D_1$，即：T 与 t_1 分别为 $-20℃$ 和 18h，α 和 t_2 分别为 $1:1$ 和 15min。

两种冻干工艺的保护效果比较 表6-9

The comparison for the protection effect of the two kinds of freeze-drying process Table 6-9

工艺方案	冻干前活菌数 （cfu/mL）	冻干活菌数 （cfu/mL）	存活率	NH_4^+-N 脱氮率	TN脱氮率
$A_2B_1C_2D_1$	2.48×10^{11}	2.25×10^{11}	90.73%	97.38%	96.01%
$A_1B_2C_2D_1$	2.48×10^{11}	2.30×10^{11}	92.74%	97.66%	96.42%

6.4 冻干菌粉贮存方法及稳定性

将耐盐脱氮复合菌剂的菌液与冻干保护剂（1%NaCl+6%海藻糖+4%甘油+8%蔗糖+5%脱脂乳粉）按照1∶1的比例混合15min后，在−20℃的条件下预冻18h，预冻结束后立即进行真空干燥24h。将最终制得的菌粉密封，分别放置在常温、−4℃和−20℃的条件下储存，测定冻干菌粉在各环境条件下贮藏15d与30d时菌粉的活菌数、NH_4^+-N和TN脱氮率，从而考察冻干菌粉的贮存稳定性。冻干菌粉的变化情况如表6-10所示。

不同贮存条件下冻干菌粉的性能 表6-10

Characteristics of freeze-dried powder in the different storage conditions Table 6-10

储存条件	新鲜菌粉			15d			30d		
	活菌数 （cfu/mL）	NH_4^+-N 脱氮率	TN 脱氮率	活菌数 （cfu/mL）	NH_4^+- N脱氮率	TN 脱氮率	活菌数 （cfu/mL）	NH_4^+-N 脱氮率	TN 脱氮率
常温	2.33×10^{11}	97.78%	96.55%	8.1×10^{10}	60.21%	58.85%	2.7×10^{10}	40.5%	38.04%
−4℃	2.33×10^{11}	97.78%	96.55%	1.04×10^{11}	78.97%	78.1%	5.5×10^{10}	55.42%	54.68%
−20℃	2.33×10^{11}	97.78%	96.55%	1.29×10^{11}	83.73%	83.14%	8.3×10^{10}	63.33%	62.07%

从表6-10可以看出，各贮藏温度条件下，冻干菌粉的活菌数随着时间的延长，呈下降趋势。在贮藏15d时，常温、−4℃和−20℃条件下冻干菌粉的存活率分别为：32.14%、41.27%和51.19%；NH_4^+-N脱氮率分别为60.12%、78.97%和83.73%，分别是新鲜菌粉NH_4^+-N脱氮率的61.48%、79.95%和84.76%；TN脱氮率分别为58.85%、78.10%和83.14%，分别是新鲜菌粉TN脱氮率的60.95%、80.89%和86.11%。在贮藏30d时，常温、−4℃和−20℃条件下冻干菌粉的存活率分别为10.71%、21.83%和32.94%；NH_4^+-N脱氮率分别为：40.50%、55.42%和63.33%，分别是新鲜菌粉NH_4^+-N脱氮率的41.42%、56.68%和64.77%；TN脱氮率分别为：38.04%、54.68%和62.07%，分别是新鲜菌粉TN脱氮率的39.40%、56.63%和64.29%。由此可以看出，低温存储有利于保持冻干菌粉的存活率、NH_4^+-N去除率和TN去除率，−20℃条件下储存效果最好。这是由于低温使蛋白质分子的活性减弱，蛋白质分子间的相互作用也随之减弱；同时低温条件下也会减缓物质发生化学反应的速率。考虑到技术复杂性和经济性，选择在−20℃条件下储存耐盐脱氮复合菌剂冻干菌粉较为适宜。

6.5 复合菌剂菌液与冻干菌粉的性能对比

为了进一步验证冻干菌粉的脱氮性能，开展复合菌剂菌液和冻干菌粉脱氮性能的对比研究。在初始氨氮浓度约 120mg/L、C/N 为 15 的条件下，对活性污泥进行驯化，逐渐将盐度从 0% 提升至 3%，待系统出水水质稳定后，将活性污泥装入有效容积为 8L 的装置中，污泥浓度控制在 3000—5000mg/L。将 176mL 的 OD_{600} 为 2.021 的耐盐脱氮复合菌剂菌液投加到 SBR 装置中，为菌液强化系统。再将新鲜冻干菌粉和在 −4℃ 条件下贮存 15d 的冻干菌粉分别加无菌水复溶至与冻干前菌液相同的体积，在 30℃ 条件下振荡复溶 15min 后，分别将 192mL 的 OD_{600} 为 1.864 的新鲜冻干菌粉复溶液与 456mL 的 OD_{600} 为 0.775 的 −4℃、15d 贮存冻干菌粉加入到装置中，作为新鲜菌粉强化系统与贮存菌粉强化系统。以未投加复合菌剂的污泥系统作为对照系统。在曝气量为 0.45m³/h、温度为 30℃ 的条件下运行，直至四个反应系统达到稳定，定期测定进出水水样中的 NH_4^+-N、TN、NO_3^--N 和 NO_2^--N 的浓度，对比分析菌液强化系统、新鲜菌粉强化系统、贮存菌粉强化系统与对照系统的脱氮特性。

菌液强化系统、新鲜菌粉强化系统、贮存菌粉强化系统和对照系统的 NH_4^+-N 去除效果如图 6-40 所示，菌液强化系统、新鲜菌粉强化系统、贮存菌粉强化系统和对照系统的出水 NH_4^+-N 浓度及 NH_4^+-N 去除率分别随着运行周期，均整体呈下降趋势和上升趋势，并最终均趋于稳定。对照系统在系统启动后，出水 NH_4^+-N 浓度逐渐降低，经过 11 个周期基本实现系统稳定运行，NH_4^+-N 浓度从进水的 125.306mg/L 下降至出水的 15.299mg/L，NH_4^+-N 去除率为 87.79%。之后，系统持续稳定运行，出水 NH_4^+-N 浓度均在 15～16mg/L 之间。而菌液强化系统在运行到第 6 周期时基本达到稳定，比对照系统更快达到稳定，NH_4^+-N 浓度从进水的 125.306mg/L 下降至出水的 1.756mg/L，NH_4^+-N 去除率为 98.60%，之后系统持续稳定运行，出水 NH_4^+-N 浓度均在 2mg/L 左右。同时，

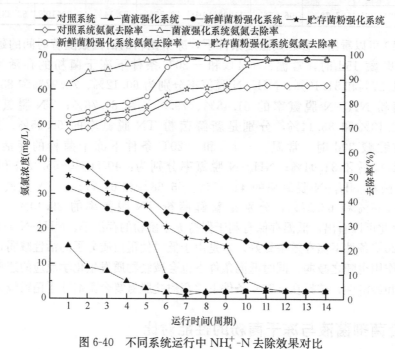

图 6-40　不同系统运行中 NH_4^+-N 去除效果对比

Fig. 6-40　Comparision for NH_4^+-N removal efficiency of different systems

新鲜菌粉强化系统与贮存菌粉强化系统分别经过 7 个周期和 11 个周期的运行，系统的 NH_4^+-N 去除效果不断提高，NH_4^+-N 去除率分别为 98.15% 和 97.60%，出水 NH_4^+-N 浓度分别为 2.322mg/L 和 3.013mg/L。系统稳定后，新鲜菌粉强化系统与贮存菌粉强化系统出水 NH_4^+-N 浓度均在 2mg/L 左右。与对照系统相比，菌液强化系统、新鲜菌粉强化系统和贮存菌粉强化系统的 NH_4^+-N 去除率均明显高于对照系统；同时菌液强化系统和新鲜菌粉强化系统均比对照系统更快达到稳定。这说明不论是投加液体耐盐脱氮复合菌剂还是冻干菌粉，均能够提高系统的 NH_4^+-N 去除效果，同时也有助于系统的快速启动。新鲜菌粉强化系统的启动与系统稳定后的 NH_4^+-N 去除效果和菌液强化系统基本相同，出水 NH_4^+-N 浓度均在 2mg/L 左右，NH_4^+-N 去除率均可达到 97% 以上。贮存菌粉强化系统的启动略慢于新鲜菌粉强化系统和菌液强化系统，但最终运行效果基本相同。

　　菌液强化系统、新鲜菌粉强化系统、贮存菌粉强化系统和对照系统的 TN 去除效果如图 6-41 所示，菌液强化系统、新鲜菌粉强化系统、贮存菌粉强化系统和对照系统的出水 TN 浓度和 TN 去除率随着周期运行变化的整体趋势与 NH_4^+-N 类似。对照系统在系统启动后，出水 TN 浓度逐渐降低，经过 11 个周期基本实现系统稳定运行，TN 浓度从进水的 132.589mg/L 下降至出水的 17.205mg/L，TN 去除率为 87.02%，之后系统开始稳定运行，出水 TN 浓度均在 17~18mg/L 之间。而菌液强化系统在运行到第 6 个周期时基本达到稳定，比对照系统更快达到稳定，TN 浓度从进水的 132.589mg/L 下降至出水的 1.866mg/L，TN 去除率为 98.59%。之后，系统持续稳定运行，出水 TN 浓度在 2mg/L 左右。同时，新鲜菌粉强化系统与贮存菌粉强化系统分别经过 7 个周期和 11 个周期的运行，系统的 TN 去除效果不断提高，TN 去除率分别为 97.50% 和 97.63%，出水 TN 浓度分别为 3.319mg/L 和 3.135mg/L。之后，系统开始稳定运行，出水 TN 浓度均约在

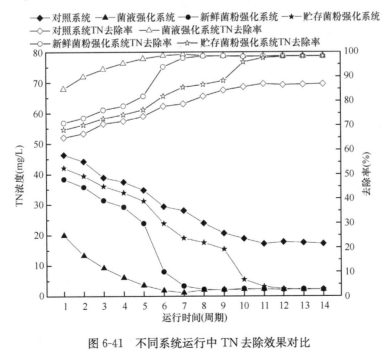

图 6-41　不同系统运行中 TN 去除效果对比

Fig. 6-41　Comparision for TN removal efficiency of different systems

2mg/L。与对照系统相比，菌液强化系统、新鲜菌粉强化系统和贮存菌粉强化系统的 TN 去除率均明显高于对照系统；同时，菌液强化系统和新鲜菌粉强化系统均比对照系统更快达到稳定。这说明，不论是投加液体耐盐脱氮复合菌剂还是冻干菌粉，均能够提高系统的 TN 脱氮效果，同时也有助于系统快速启动。新鲜菌粉强化系统的启动与系统稳定后的 TN 去除效果和菌液强化系统基本相同，出水 TN 浓度均在 2mg/L 左右，NH_4^+-N 去除率均可达到 97% 以上。贮存菌粉强化系统的启动略慢于新鲜菌粉强化系统和菌液强化系统，但最终运行效果基本相同。

如图 6-42 所示，菌液强化系统、新鲜菌粉强化系统、贮存菌粉强化系统和对照系统的出水 NO_3^--N 浓度均随着系统的运行整体呈下降趋势。整个过程 NO_3^--N 浓度始终都不是很高，在反应结束后，均没有 NO_3^--N 的积累。对照系统经过 10 个周期的运行，出水 NO_3^--N 浓度逐渐降低，从 6.687mg/L 降低到 2.191mg/L，从第 10 周期开始，系统持续保持稳定运行，出水 NO_3^--N 浓度一直在 2mg/L 左右波动。菌液强化系统从系统开始启动，出水 NO_3^--N 浓度快速降低，经过 3 个周期的运行，出水 NO_3^--N 浓度就从 4.710mg/L 降低到 1.343mg/L。从第 4 周期开始，出水 NO_3^--N 浓度降低速度减慢，又经过了 2 个周期的运行，系统从第 6 周期开始进行稳定运行，出水 NO_3^--N 浓度在 0~0.1mg/L 之间。新鲜菌粉强化系统经过 3 个周期的运行，出水 NO_3^--N 浓度从 6.528mg/L 逐渐降低到 5.517mg/L。从第 4 周期开始，出水 NO_3^--N 浓度快速降低。运行到第 6 周期时，出水 NO_3^--N 浓度降低到 1.574mg/L。从第 7 周期到第 9 周期，出水 NO_3^--N 浓度又逐渐降低；之后，系统开始稳定运行，出水 NO_3^--N 浓度在 0~0.1mg/L 之间。而贮存菌粉强化系统与新鲜菌粉强化系统的出水 NO_3^--N 浓度变化过程相似，经过 5 个周期的运行，出水 NO_3^--N 浓度从 6.614mg/L 逐渐降低到 4.480mg/L。从第 6 周期开始，出水 NO_3^--N 浓度

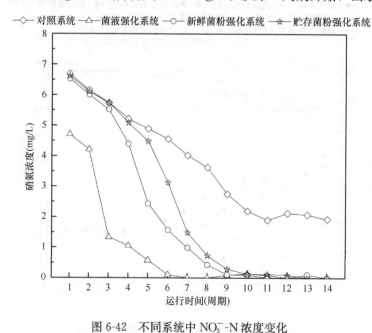

图 6-42　不同系统中 NO_3^--N 浓度变化

Fig. 6-42　Variation of NO_3^--N concentration in different systems

快速降低，运行了两个周期后，出水 NO_3^--N 浓度降低到 1.488mg/L。从第 8 周期到第 11 周期，出水 NO_3^--N 浓度又逐渐降低，之后系统开始稳定运行，出水 NO_3^--N 浓度在 0～0.1mg/L 之间。与对照系统相比，菌液强化系统、新鲜菌粉强化系统和贮存菌粉强化系统的出水 NO_3^--N 浓度均低于对照系统；而且菌液强化系统和新鲜菌粉强化系统均比对照系统更快达到稳定。

如图 6-43 所示，菌液强化系统、新鲜菌粉强化系统、贮存菌粉强化系统和对照系统的出水 NO_2^--N 浓度均随着系统的运行整体呈下降趋势。整个过程 NO_2^--N 浓度始终都不是很高，在反应结束后，均没有 NO_2^--N 的积累，系统稳定运行后，出水 NO_2^--N 浓度均在 0.005～0.007mg/L 范围之间。对照系统、新鲜菌粉强化系统和贮存菌粉强化系统运行的出水 NO_2^--N 浓度变化过程基本相似，对照系统、新鲜菌粉强化系统和贮存菌粉强化系统分别经过 10 个周期、7 个周期和 8 个周期的运行，出水 NO_2^--N 浓度逐渐降低，分别从 0.205mg/L 降低到 0.008mg/L、0.185mg/L 降低到 0.009mg/L 和 0.191mg/L 降低到 0.010mg/L；之后，系统开始稳定运行。菌液强化系统从系统开始启动，出水 NO_2^--N 浓度快速降低，经过 3 个周期的运行，出水 NO_2^--N 浓度就从 0.088mg/L 降低到 0.019mg/L，从第 4 周期开始，出水 NO_2^--N 浓度降低速度减慢，又经过了两个周期的运行，系统从第 6 周期开始进行稳定运行。与对照系统相比，菌液强化系统、新鲜菌粉强化系统和贮存菌粉强化系统均比对照系统更快达到稳定。

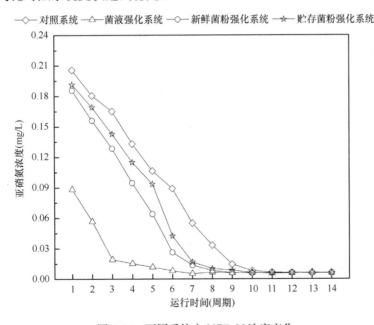

图 6-43 不同系统中 NO_2^--N 浓度变化

Fig. 6-43 Variation of NO_2^--N concentration in different systems

6.6 小结

本章通过单因素试验和正交试验对冻干保护剂的组成和冻干工艺条件进行优化，从而确定出最优冻干保护剂和最佳冻干工艺条件，主要结论如下：

(1) NaCl 浓度对菌粉存活率影响显著，其中对耐盐硝化菌 X23 的存活率影响最大。优选 1％ NaCl 作为基础保护剂，耐盐反硝化菌 F3、耐盐反硝化菌 F5、耐盐硝化菌 X23 和普通耐盐菌 N39 冻干菌粉的存活率分别提高了 21.38％、7.41％、33.49％和 15.47％。NaCl 浓度对冻干菌粉的脱氮能力也有较大影响。优选 NaCl 浓度为 1％时，耐盐反硝化菌 F3 和 F5 的反硝化脱氮率和异养硝化 NH_4^+-N 去除率分别为 86.65％、92.69％和 69.47％、64.67％；耐盐硝化菌 X23 的 NO_2^--N 去除率为 70.77％；普通耐盐菌 N39 的 COD 去除率为 79.77％。

(2) 在研究不同保护剂浓度对冻干菌粉的存活率和处理效果的单因素试验中，当添加保护剂为海藻糖、甘油、蔗糖和脱脂乳粉的浓度分别为 8％、2％、8％和 5％时，菌粉存活率最高，相比于原菌液，分别提高了 26％、11％、18.29％和 20.19％。当海藻糖、甘油、蔗糖和脱脂乳粉的浓度分别为 6％、2％、12％和 5％时，对各冻干菌粉的 NH_4^+-N 去除影响显著。各冻干菌粉的 NH_4^+-N 去除率分别为 94.05％、89.15％、93.80％和 93.02％，分别比其对照菌粉提高了 19.51％、11.94％、19.41％和 16.98％，分别是原菌液 NH_4^+-N 去除率的 97.45％、91.70％、95.66％和 95.13％；各保护剂对 COD 去除效果的影响不大，各冻干菌粉的 COD 去除率分别为 89.06％、84.22％、88.25％和 87.61％。

(3) 采用正交试验获得最优冻干保护剂的配方为：1％NaCl＋6％海藻糖＋4％甘油＋8％蔗糖＋5％脱脂乳粉，此时冻干菌粉的存活率、NH_4^+-N 脱氮率和 TN 脱氮率分别为 82.67％、95.96％和 95.32％。

(4) 最佳冻干工艺条件为预冻温度（T）与预冻时间（t_1）分别为 −20℃和 18h，同时菌液与冻干保护剂的混合比例（α）和平衡时间（t_2）分别为 1∶1 和 15min，此时冻干菌粉的存活率、NH_4^+-N 脱氮率和 TN 脱氮率分别为 92.74％、97.66％和 96.42％。

参 考 文 献

[1] Kincannon D F, Gaudy A F. Response of biological waste treatment systems to changes in salt concentrations. Biotechnol. Bioeng. , 1968, 10: 483-496.

[2] Hamoda M F, Al-atlar I M S. Effects of high sodium chloride concentration on activated sludge treatment[J]. Water Science and Technology, 1995, 31(9): 61-72.

[3] 王志霞, 武周虎, 王娟. SBR 法处理含海水城市污水的脱氮除磷效果[J]. 工业水处理, 2005, 25(4): 29-34.

[4] 孙晓杰, 周利, 彭永臻. SBR 中海水对短程硝化的影响[J]. 青岛理工大学学报, 2005, 26(6): 111-113.

[5] Ahmet Uygur. Specific nutrient removal rates in saline wastewater treatment using sequencing batch reactor[J]. Process Biochem. , 2006, 41(1): 61-66.

[6] 支霞辉, 彭永臻等. 含盐废水短程硝化反硝化生物脱氮的研究[J]. 青岛建筑工程学院学报, 2005, 26(3): 49-51.

[7] 孔范龙, 于德爽. 海水冲厕地区污水脱氮研究[D]. 青岛: 青岛大学, 2005, 7.

[8] 张小龙, 梅滨, 陈广银, 马前. 强化接触氧化法处理高盐废水[J]. 环境科学与技术, 2008, 31(12): 153-156.

[9] Dincer A R, Kargi F. Performance of rotating biological dise system treating saline wastewater[J]. Process Biochemistry, 2001 , 36(13): 901-906.

[10] Yang L. Biodegradation of dispersed diesel fuel under high salinity conditions [J]. Wat. Res. 2000, 34(13): 3303-3314.

[11] Yang L, Lai C T. Biological treatment of mineral oil in a salty environment [J]. Wat. Sci. Tech. , 2000, 42 (5): 369-375.

[12] Lei Y, Ching-ting L, Wen K S. Biodegration of dispersed diesel fuel under high salinity conditions[J]. Wat. Res. , 2000, 34(13): 3303-3314.

[13] Guerrero L, Omil F, Mendez R, et al. Treatment of saline wastewater from fish meal factories in an anerobic filter under extreme ammonia concentrations[J]. Bioresource Technology, 1997, 61(1): 69-78.

[14] 刘峰, 吴建华, 马向华等. 上流式厌氧生物滤池处理高含盐废水的试验研究[J]. 苏州科技学院学报(工程技术版), 2003, 16(2): 34-38.

[15] Shin C T, Hang Y D. Production of Carotenoids by *Rhodotorula rubra* from Sauerkaut Brine. LWT-Food Sci. Technol. 1996, 29: 570-572

[16] Choi M H, Park Y H. Growth of Pichia guilliermondii A9, an osmotolerrant yeast, in waste brine generated from kimchi production[J]. Bioresource Technology, 1999, 70: 231-236.

[17] An L, Gu G W. The treatment of saline wastewater using a two-stage contact oxidation method [J]. Water Sci Technol, 1993, 28(7): 31-37.

[18] Kargi F, Dincer A R. Effect of salt concentration on biological treatment of saline wastewater by fed-batch operation[J]. Enzyme and Microbial Technology, 1996, 19: 529-537.

[19] Panswad T. Impact of high chloride wastewater on an anaerobic/anoxic/aerobic process with

and without inoculation of chloride acclimated seeds[J]. Wat. Res. , 1999, 33(5)：1165-1172.

[20] Belkin S, Brenner A, Abeliovich A. Biological treatment of a high salinity chemical industrial wastewater[J]. Wat. Sci. Tech. , 1993, 27(7-8)：105-112.

[21] 刘正. 高浓度含盐废水生物处理技术[J]. 化工环保, 2004, 24(增刊)：209-211.

[22] 郭艳丽. 三株轻度嗜盐反硝化菌的分离鉴定和降解特性初探[D]. 青岛大学硕士学位论文, 2009.

[23] 高喜燕, 刘鹰, 郑海燕等. 一株海洋好氧反硝化细菌的鉴定及其好氧反硝化特性[J]. 微生物学报, 2010, 50 (9)：1164-1171.

[24] Kariminiaae-Hamedaani H R, Kanda K, Kato A F. Denitrification Activity of the bacterium *Pseudomonas sp*. ASM-2-3 isolated from the Ariake Sea tideland[J]. Journal of Bioseience and Bioengineering, 2004, 97(1), 39-44.

[25] 李静, 王文文, 梁磊等. 耐盐好氧反硝化菌筛选及其反硝化特性的研究[J]. 环境科学与技术, 2011, 34(6)：48-52.

[26] 郑巧东, 钟丽娜, 姚善泾. 硝化菌与反硝化菌混合培养生物脱氮的研究[J]. 化学工程, 2010, 38(3)：64-67.

[27] 张宗阳, 李捍东, 马兴华, 韩润平. 优势复合菌剂处理黑臭河水的试验研究[J]. 环境科学与技术, 2010, 33(12)：52-55.

[28] 徐军祥, 姚秀清, 杨翔华, 许谦, 佟明友, 张全. 耐盐复合菌剂生物强化处理高盐高硫废水[J]. 环境污染与防治, 2007, 29(6)：467-471.

[29] Stuven R, Bock E. Nitrification and denitrification as a source for NO and NO₂ production in high-strength wastewater[J]. Water Research, 2001, 35(8)：1905-1914.

[30] 范俊, 沈树宝, 杨维本等. 高效复合生态链微生物菌群处理污水的研究—城市综合污水的处理[J]. 南京工业大学学报(自然科学版), 2003, 25(4)：10-13.

[31] 谭周亮, 杨俊仕, 李旭东. 微生物菌剂强化处理炼油废水的中试研究[J]. 水处理技术, 2007, 32(5)：67-70.

[32] 香杰新, 蔡勋江, 范洪波, 吕斯濠. 复合菌剂用于膜生物反应器的污泥减量试验研究[J]. 水处理技术, 2009, 35(12)：98-101.

[33] Yang P Y, Zhang Z Q, Jeong B G. Simultaneous removal of carbon and nitrogen using an entrapped-mixed-microbial-cell process[J]. Water research, 1997, 31(10)：2617-2625.

[34] De Sehrijver R, Ollevier F. Protein digestion in juvenile turbot (scophthalmus maximus) and effects of dietary administration of vibrio proteolytieus[J]. Aquaculture, 2000, 186(1-2)：107-116.

[35] 周家正, 张卓然. 高效复合生物反应器(HBR)处理城镇生活及粪便污水系统的试验研究[J]. 微生物学杂志, 2009, 29(1)：94-97.

[36] 杨小龙. 复合菌剂的研制及其对水产养殖污水的净化作用[D]. 南昌：南昌大学, 2012.

[37] 李宗义, 李培睿, 王鸿磊. 应用生物强化技术处理啤酒废水试验研究[J]. 工业水处理, 2003, 23(7)：41-43.

[38] 张波, 李捍东, 郭笃发, 刘秀华, 李霁. 复合嗜盐菌剂强化处理高盐有机废水的中试研究[J]. 中国给水排水, 2008, 24(17)：16-18.

[39] 吴定心, 杨文静, 柯雪佳, 张东晓, 李程亮, 梁运祥. 利用复合微生物菌剂控制水华的治理工程试验[J]. 环境科学与技术, 2010, 33(7)：150-154.

[40] 杨家峰, 王淑珍, 杨英杰. 印染废水生物处理菌株的选育及降解效果[J]. 上海师范大学学报

（自然科学版），2002，31(4)：66-70.

[41] 傅金祥，张丹丹，安娜，王作鹏，蒋建华. 混合菌氧化性能及其对铁锰去除效果研究[J]. 沈阳建筑大学学报(自然科学版)，2008，24(2)：265-268.

[42] Chen Y C, Lin C J, Gavin J, et al. Enhancing biodegradation of wastewater by microbial consortia with fractional factorial design[J]. Journal of Hazardous Materials, 2009, 171：948-953.

[43] 张英箔，魏呐，李凤凯等. 高效复合微生物菌剂对聚丙烯酰胺的无害化降解[J]. 油气田环境保护，2005，15(4)：28-31.

[44] Jiang A Q. The chemical water factors change of different kinds of hill ponds using microorganism[J]. Animals Breeding Feed, 2005, 4：35-37.

[45] Liua K F, Chiu C H, Shiu Y L. Effects of the probiotie, Bacillus subtilis E20, on the survival, development, stress tolerance, and immune status of white shrimp, Litopenaeus vannamei larvae[J]. Fish & Shellfish Immunology, 2010, 28(5-6)：837-844.

[46] 叶姜瑜，张亚峰，徐代平. 复合菌剂对焦化废水的降解及其特性研究[J]. 工业水处理，2009，29(11)：21-24.

[47] 马会强，张兰英，李爽. 低温混合菌降解硝基苯的研究[J]. 环境科学与技术，2007，30(12)：5-7.

[48] 张丹丹. 饮用水除铁锰优势菌种筛选试验研究[D]. 沈阳：沈阳建筑大学，2008.[J]. 环境科学与技术，2010，33(12)：52-55.

[49] 邓海静，刘勇波，刘虹，张兰英，刘娜. 低温下混合菌降解柴油过程中脱氢酶活性的变化[J]. 化工环保，2011，31(1)：9-12.

[50] 肖宏伟，黄传伟，冯雁峰. 真空冷冻干燥技术的研究现状和发展[J]. 中国医疗器械杂志，2010，31(7)：30-32.

[51] 董充慧，苏杭，张特立等. 真空冷冻干燥技术在生物制药方面的应用[J]. 沈阳药科大学学报，2009，26：76-79.

[52] 赵树林，赵宇昕. 提高冻干收率改进钠盐稳定性[J]. 黑龙江医药，2004，3：190-191.

[53] 吴新颖，李钰金，郭玉华等. 真空冷冻干燥技术在食品工业中的应用[J]. 2010，1：75-78.

[54] 高松柏，娜日斯，谢小燕等. 高效嗜酸菌发酵剂制备和嗜酸菌奶粉新工艺的研究[J]. 中国乳品工业，1991(4)：150-158.

[55] 张莉，段浩云，田洪涛等. 葡萄酒苹果酸-乳酸发酵高耐受性优良植物乳杆菌直投式发酵剂的优化[J]. 江苏农业科学，2017，45(1)：167-171.

[56] 许女，习傲登，张玢. 真空冷冻干燥工艺参数对植物乳杆菌 MA2 活性的影响[J]. 中国酿造，2011，11：34-38.

[57] Schaechter M. Encyclopedia of microbiology[M]. (Third Edition). Oxford：Academic Press, 2009：162-173.

[58] 杜磊，乔发东. 乳酸菌冷冻保护剂选择的研究[J]. 乳业科学与技术，2010(3)：119-121.

[59] Huang L J, Lu Z X, Yuan Y J, et al. Optimization of a protective medium for enhancing the viability of freeze-dried Lactobacillus delbrueckii subsp. bulgaricus based on response surface methodology[J]. Journal of Industrial Microbiology and Biotechnology, 2006, 33(1)：55-61.

[60] Patist A, Zoerb H. Preservation mechanisms of trehalose in food and biosystems[J]. Colloids and Surfaces B：Biointerfaces, 2005, 40(2)：107-113.

[61] Polomska X, Wojtatowicz M, Zarowska B, et al. Freeze-drying preservation of yeast adjunct cultures for cheese production[J]. 2012, 62(3)：143-150.

[62] Morgan C A, Herman N, White P A, et al. Preservation of microorganisms by drying: A review[J]. Journal of Microbiological Methods, 2006, 66(2): 183-193.

[63] 牛爱华, 段开红, 吴妮尔等. 低温产甲烷菌群冻干菌粉制备过程中保护剂的研究[J]. 内蒙古农业大学学报, 2013, 11: 93-96.

[64] 徐丽萍. 嗜酸乳杆菌冻干菌粉保护剂选择的研究[J]. 食品工业科技, 2007(5): 119-122.

[65] 杨丽娟, 韩德权, 左豫虎. 副干酪乳杆菌冻干菌粉制备[J]. 食品科技, 2013, 38(3): 9-13.

[66] 田文静, 王俊国, 宋娇娇等. 适宜冷冻干燥保护剂提高植物乳杆菌 LIP-1 微胶囊性能[J]. 农业工程学报, 2015, 11: 285-294.

[67] Li B Q, Zhou Z W, Tian S P. Combined effects of endo- and exogenous trehalose on stress tolerance and biocontrol efficacy of two antagonistic yeasts[J]. Biological Control, 2008, 46 (2): 187-193.

[68] Polomska X, Wojtatowicz M, Zarowska B, et al. Freeze-drying preservation of yeast adjunct cultures for cheese production[J]. 2012, 62(3): 143-150.

[69] 王大欣, 张丹, 初少华等. 巨大芽孢杆菌 NCT-2 冻干菌剂的制备及冻干保护剂响应面优化[J]. 食品工业科技, 2016, 11: 156-164.

[70] 余萍, 范翠翠. 鼠李糖乳杆菌(H10107)冻干保护剂的优化[J]. 中国乳品工业, 2017, 45(5): 14-15、64.

[71] 华泽钊. 冷冻干燥新技术[M]. 北京: 科学出版社, 2006, 415-416.

[72] 叶晴, 尹光琳. 用真空冷冻干燥法保存微生物菌株[J]. 现代科学仪器, 2002, 10(4): 19-20.

[73] 杜曼. 长双歧杆菌 NCU712 高密度培养及菌剂制备研究[D]. 南昌大学, 2015.

[74] 王磊. 嗜酸乳杆菌高密度培养及冻干保护剂的研究[D]. 陕西科技大学, 2011.

[75] Yukie M S, Takashi I, Junjin S, et al. Survival rate of microbes after freeze-drying and long-term storage[J]. Cryobiology, 2000, 41(3): 251-255.

[76] Wright C T, Klaenhammer T R. Calcium-induced alteration of cellular morphology affecting the resistance of Lactobacillus acidophilus to freezing[J]. Environ Microbiol, 1981, 41 (1): 807-815.

[77] 李娜. 发芽米植物乳杆菌发酵生产高含量 γ-氨基丁酸的研究[D]. 哈尔滨商业大学, 2016.

[78] 王璐. 盐胁迫下乳酸菌的高密度培养及冻干保护剂的研究[D]. 哈尔滨工业大学, 2010.

[79] 刘丽凤, 孟祥晨. 冷冻干燥对婴儿双歧杆菌损伤作用的研究[J]. 食品科学, 2009, 30(1): 104-107.

[80] Han B, Bischof J C. Direct cell injury associated with eutectic crystallization during freezing[J]. Cryobiology, 2004. 48(1): 8-21.

[81] Ming L C, Rahim R A, Wan H Y, et al. Formulation of protective agents for improvement of Lactobacillus salivarius I 24 survival rate subjected to freeze drying for production of live cells in powderized form[J]. Food and Bioprocess Technology, 2009, 2(4): 431-436.

[82] 龚虹, 马征途, 冯谦等. 植物乳杆菌发酵、冻干工艺及其益生特性的研究[J]. 中国微生态学杂志, 2017, 29(5): 526-530.

[83] 韩广钧, 李瑞国, 崔章等. 真空冷冻干燥技术及其在食品与生物发酵行业中的应用[A]. 山东制冷学会 2008 年优秀论文选集[C]. 2008.

[84] 尤春玲. 真空冷冻干燥技术在食品加工中的应用分析[J]. 中国新技术新产品, 2010, 18: 16-17.

[85] 李玉斌, 吴华昌, 邓静等. 复合泡菜专用菌剂的制备与发酵性能评价[J]. 食品与发酵工业,

2016，42(12)：98-104.

[86] 任红兵．真空冷冻干燥技术及其在中药领域的应用[J]．装备应用与研究，2016，7：12-21.

[87] Morgan C A，Herman N，White P A，*et al*．Preservation of micro-organisms by drying：A review[J]．Journal of Microbiological Methods，2006，66(2)：183-193.

[88] Fonseca F，Passot S，Cunin O，*et al*．Collapse temperature of freeze-dried *Lactobacillus bulgaricus* suspensions and protective media[J]．Biotechnology Progress，2004，20(1)：229-238.

[89] Miyamoto-Shinohara Y，Sukenobe J，Imaizumi T，*et al*．Survival curves for microbial species stored by freeze-drying[J]．Cryobiology，2006，52(1)：27-32.

[90] 李情敏，何名芳，张凤英等．复合真空冷冻干燥益生菌粉的研制[J]．食品工业，2016，37(1)：129-133.

[91] Matejtschuk P．Freeze-drying of biological standards，Freeze-drying of Pharmaceutical and Biological products[M]（edited by Rey L，and May J C．）．New York：Marcel Dekker，Inc．，2004：215-224.

[92] 杨正楠．植物乳杆菌 NCU116 富硒培养及菌剂制备技术研究[D]．南昌大学，2016.

[93] Joo H S，Hiraia M，Shoda M．Piggery wastewater treatment using *Alcaligenes faecalis* strain No. 4 with heterotrophic nitrification and aerobic denitrification．Water Research，2006，40 (16)：3029-3036.

[94] 吴美仙，张萍华，李莉等．好氧反硝化细菌的筛选及培养条件的初步研究[J]．浙江海洋学院学报(自然科学版)，2008，27(4)：406-409.

[95] Pai S L，Chong N M，Chen C H. Potential application of aerobic denitrifying bacteria as bioagents in wastewater treatment[J]．Bioresource Technology，1999，68：179-185.

[96] Mevel G，Prieur D．Thermophilic heterotrophic nitrifiers isolated from Mid-Atlantic Ridge deep-sea hydrothermal vents．Canadian Journal of Microbiology，1998，44(8)：723-733.

[97] Robertson L A，Kuenen J G．Combined heterotrophic nitrification and aerobic denitrification in Thiosphaera pantotropha and other bacteria．Antonie van Leeuwenhoek，1990，57（3）：139-152.

[98] 朱顺妮，刘冬启，樊丽等．喹啉降解菌 Rhodococcus sp. QL2 的分离鉴定及降解特性[J]．环境科学，2008，29(2)：488-493.

[99] 陈志强，李贞景，王昌禄等．响应曲面法优化超声提取苦瓜皂苷工艺条件的研究[J]．氨基酸和生物资源，2007，29(4)：21～25.

[100] 郭婉茜．附着型和颗粒型膨胀床生物制氢反应器的运行调控[D]．哈尔滨：哈尔滨工业大学，2008.

[101] 张英箔，魏呐，李凤凯等．高效复合微生物菌剂对聚丙烯酰胺的无害化降解[J]．油气田环境保护，2005，15(4)：28-31.

[102] 王弘宇，马放，苏俊峰等．不同碳源和碳氮比对一株好氧反硝化细菌脱氮性能的影响[J]．环境科学学报，2007，27(6)：968-972.

[103] 张政，付融冰，顾国维等．人工湿地脱氮途径及其影响因素分析[J]．生态环境，2006，1(6)：1385-1390.

[104] Chiu Y C，Lee L L，Chang C N，*et al*．Control of carbon and ammonium ratio for simultaneous nitrification and denitrification in a sequencing batch bioreactor[J]．International Biodeterioration & Biodegradation，2007，59：1-7.

[105] Pochana K，Keller J．Study of factors affecting simultaneous nitrification and denitrification

(SND)[J]. Water Science and Technology, 1999, 39(6): 61-68.

[106] 肖静，许国仁. 低碳氮比污水对同步硝化反硝化脱氮的影响[J]. 水处理技术，2012，38(11): 77-80.

[107] Woo N Y S, Chung K C. Tolerance of pomacanthus imperator to hypoosmotic saLinities: changes in body composition and hepatic enzyme activities[J]. Journal of Fish Biology, 1995, 47: 70-81.

[108] Sardinha M, Muller T, Schmeisky H. Microbial performance in soils along a salinity gradient under acidic conditions [J]. Applied Soil Ecology, 2003, 23: 237-244.

[109] 孙振世，柯强，陈英旭. SBR 生物脱氮机理及其影响因素[J]. 中国沼气，2001，19(2): 16-19.

[110] 杨麒，李小明，曾光明等. 同步硝化反硝化的形成机理及影响因素[J]. 环境科学及技术，2004，27(3): 102-104.

[111] 李晓璐，谢勇丽，邓仕槐等. SBR 系统中 pH 与 MLSS 对同步硝化反硝化的影响[J]. 四川环境，2006，25(6): 1-8.

[112] 邹联沛，刘旭东，王宝贞等. MBR 中影响同步硝化反硝化的生态因子[J]. 环境科学，2001，22(4): 51-55.

[113] 李军，闫爽，邓娴等. 一株耐冷反硝化菌的分离鉴定及其反硝化特性[J]. 沈阳建筑大学学报(自然科学版)，2012，28(4): 722-727.

[114] 徐亚同. pH、温度对反硝化的影响[J]. 中国环境科学，1994，14(4): 308-312.

[115] Richardson D J, Wehrfritz J M, Keech A, et al. The diversity of redox proteins involved in bacterial heterotrophic nitrification and aerobic denitrification[J]. Biochem Soc T, 1998, 26(3): 401-408.

[116] 陈志强，李贞景，王昌禄. 响应面法优化超声提取苦瓜皂苷工艺条件的研究[J]. 氨基酸和生物资源，2007，29(4): 21-25.

[117] 郭婉茜. 附着型和颗粒型膨胀床生物制氢反应器的运行调控[D]. 哈尔滨：哈尔滨工业大学，2008.

[118] 崔丽. 一种复合菌剂的构建及其处理生活污水的研究[D]. 沈阳：东北大学，2007.

[119] 曲洋，张培玉，于德爽，郭沙沙，杨瑞霞. 异养硝化/好氧反硝化菌生物强化含海水污水的 SBR 短程硝化系统初探[J]. 环境科学，2010，31(10): 2376-2384.

[120] Frette L, Gelsberg B, Peter W. Aerobic denitrifiers isolated from an alternating activated sludge system[J]. FEMS Microbiol Ecol, 1997, 24(4): 363-370

[121] 高大文，彭永臻，郑庆柱. SBR 工艺中短程硝化反硝化的过程控制[J]. 中国给水排水，2002，18(11): 13-18.

[122] 高景峰，彭永臻，王淑莹，曾薇，隋铭皓. 以 DO、ORP、pH 控制 SBR 法的脱氮过程[J]. 中国给水排水，2001，17(4): 6-11.

[123] Moir J W B, Wehrfritz J M, Spiro S, et al. The biochemical characterization of novel non-heam-iron hydroxylamine oxidase from *Paracoccus denitrificans* GB17[J]. Biochem J, 1996, 319: 823-827.

[124] Utgur A, Kargi F. Salt inhibition on biological nutrient removal from saline wastewater in a sequencing batch reactor [J]. Enzyme and Microbial Technology, 2004, 34: 313-318.

[125] 郑从义，屈三甫，陶天申. 嗜盐细菌冷冻干燥保护剂的正交法优化[J]. 武汉大学学报，1994，1: 109-114.

[126] 郑从义，屈三甫，张珞珍等. 极端嗜盐菌冷冻干燥保藏研究[J]. 微生物学通报，1994，21 (4)：247-250.

[127] 于永翔. 海水养殖中常见病原菌冻干保护剂配方与冻干工艺研究[D]. 中国海洋大学，2014.

[128] Pichereau V, Hartke A, Auffray Y. Starvation and osmotic stress induced multiresistances. Influence of extracellular compounds. International Journal of Food Microbiology, 2000, 55：19-25.

[129] Huang W S, Wong H C. Effects of sublethal heat, bile and organic acid treatments on the tolerance of *Vibrio parahaemolyticus* to lethal low-salinity. Food Control, 2012, 28：349-353.

[130] Gehrke H H, Pralle K, Deckwer W D. Freezing and drying of microorganisms-influence of cooling rate on survival[J]Food Biotechnology, 1992, 6(1)：35-49.

[131] 张莉，段浩云，田洪涛等. 葡萄酒苹果酸-乳酸发酵高耐受性优良植物乳杆菌直投式发酵剂的优化[J]. 江苏农业科学，2017，45(1)：167-171.

[132] 许女，习傲登，张玢. 真空冷冻干燥工艺参数对植物乳杆菌 MA2 活性的影响[J]. 中国酿造，2011，11：34-38.

[133] 刘建丽. 嗜酸乳杆菌 NX2-6 高密度培养及冻干工艺研究[D]. 南京农业大学，2014.

[134] 陈声明，吕琴. 微生物冷冻干燥的抗性机理[J]. 微生物学通报，1996，23(4)：236-254.

[135] 曹珂珂，张立丰，李妍. 植物乳杆菌 B002 冻干工艺的条件优化[J]. 食品与发酵工业，2016，42(9)：116-119.

[136] 李宝坤. 乳酸杆菌冷冻干燥生理损伤机制及保护策略的研究[D]. 江南大学，2011.

[137] 陆英. 益生菌发酵剂的研究[D]. 江南大学，2006.

[138] Costantino H, Carrasquillo K G, Cordero R A, *et al*. Effect of excipients on the stability and structure of lyophilized recombinant human growth hormone[J]. Pharna Bci, 1998, 87：1412-1420.

[139] Yang C Y, Zhu X L, Fan D D, *et al*. Optimizing the Chemical Compositions of Protective Agents for Freeze-Drying *Bifidobacterium longum* BIOMA 5920. Chinese Journal of Chemical Engineering, 2012, 20(5)：739-746.

[140] Carpenter J F, Crowe J H, Crowe L M. Stabilization of phosphofructokinase with sugar during freeze-drying: characterization of enhanced protection in the presence of divalent cations[J]. Biochem. Biophys. Acta. , 1987, 92(3)：109-115.

[141] Arakawa T, Prestrelski S J, Kinney W, *et al*. Factors affecting short-term and long-term stabilities of proteins[J]. Advanced Drug Delivery Rev, 1993, 10(1)：1-28.

[142] 南君勇. 真空冷冻干燥技术制备酵母菌菌粉的研究[D]. 天津大学，2007.

[143] Meng X C, Stanton C S, Fitzgerald G F, *et al*. Anhydrobiotics: The challenges of drying probiotic cultures[J]. Food Chemistry, 2008, 106：1406-1416.

[144] 魏培培. 直投式干酪乳杆菌发酵剂稳定性及应用的研究[D]. 华南理工大学，2010.

[145] 吴玲，潘道东，刘海燕. 瑞士乳杆菌冻干保护剂的选择[J]. 食品与机械，2010，(01)：74-76.

[146] 刘文卿. 试验设计[M]. 北京：清华大学出版社，2005，2：64.

[147] 吕为群，骆承痒，刘书臣. 乳酸菌在冷冻干燥过程中存活率的影响因素探讨[J]. 中国乳品工业，1993，21：217-220.

[148] 陈涛. 真空冷冻干燥制备高效浓缩型两歧双歧杆菌酸奶发酵剂[D]. 呼和浩特：内蒙古农业大学，2011：5-7.